Christine Schneider
Maurice Gliem

Pilze finden

Der Blitzkurs für Einsteiger

Mit Illustrationen von Daniel Stieglitz

Ulmer

Ihre erste Pilztour

Wann kann's losgehen?

Es ist Herbst. In den letzten Wochen war das Wetter schwülwarm und feucht. Und heute? Endlich mal wieder ein schöner Tag. Das macht Lust auf Frischluft und Pilzgenuss!

Die richtige Ausrüstung

Sie frühstücken ausgiebig, ziehen sich wetterfest an und packen das Wichtigste ein: Korb, Messer und ein Pilzbuch. Im Idealfall sind auch noch ein paar Freunde mit dabei.

Das A und O ist das Wo!

Sie suchen sich einen schönen Wald mit viel Moos und feuchten Stellen. Hier starten Sie die Suche nach Röhrenpilzen, denn bei diesen ist die Verwechslungsgefahr am geringsten.

Pilze bestimmen und sammeln

Gefunden! Ein schöner Pilz, eindeutig mit Röhren unter dem Hut. Jetzt blättern Sie nach, worauf es beim Sammeln und Bestimmen eigentlich ankommt, damit Ihnen auch wirklich kein Fehler unterläuft.

Das Who-is-who der Besten

Sie gehen auf Nummer sicher: Passt Ihr Fundstück genau zu einer der Beschreibungen? Ja? Sicher? Dann säubern Sie ihn grob und ab damit in den Korb, aber schön vorsichtig, sonst gibt es Druckstellen. Diesen Fundort merken Sie sich.

Seite 40

Voller Korb – was nun?

Auf dem Rückweg kaufen Sie drei frische Eier pro Person und das Abendessen ist gesichert: Pilze säubern, schneiden, anbraten, Eier darüber gießen, würzen und fertig ist Ihr allererstes Waldpilzomlett – lecker!

Seite 102

Noch Fragen?

So ein schöner Tag! Jetzt haben Sie Lust auf mehr Pilze und Pilzrezepte bekommen ... und vielleicht ein neues Hobby mit viel Frischluft und Pilzgenüssen gefunden.

Seite 120

Wann kann’s losgehen?

Der passende Zeitpunkt

Viele Leute meinen, dass Pilze nur im Herbst wachsen. Mag sein, dass da besonders viele Pilzsammler auf der Jagd nach den leckeren Schätzen sind. Das heißt aber nicht, dass man in den anderen Jahrezeiten keinen Erfolg beim Pilzesuchen haben kann.

Was sind Pilze?

Pilze sind weder Tier noch Pflanze: Sie tragen keine grünen Blätter wie die Pflanzen und leben auch ganz anders als Tiere. Aber wozu gehören diese eigenartigen Lebewesen? Sie sind so speziell, dass sie in der Biologie ein eigenes Reich bilden – das Pilzreich.
Das, was wir von einem Pilz sehen und verspeisen, ist gar nicht der ganze Organismus, sondern nur ein Teil, mit dem er sich fortpflanzen kann: der Fruchtkörper eines riesigen unterirdischen Fadengeflechts, das als Myzel bezeichnet wird. Dieses Geflecht bildet aber nur zu bestimmten Zeiten seine Fruchtkörper aus, so ähnlich wie Bäume auch nur in bestimmten Monaten Früchte tragen. Das muss der Pilzsammler bei der Wahl des Zeitpunkts im Hinterkopf haben.

Die vier Jahreszeiten

Ein Großteil der Speisepilze sprießt tatsächlich im Herbst. Manche kommen aber auch das ganze Jahr über vor, einige dagegen sind ausgesprochene Frühlings-, Sommer- oder Winterpilze. Oft spielt dabei das Wetter eine tragende Rolle für den Sammelerfolg (Seite 8). Eine Pilztour kann also zu jeder Jahreszeit lohnend sein! Die oben rechts stehende Tabelle zeigt Ihnen im Überblick, welche Speisepilze für welche Jahreszeit typisch sind.

Pilze wachsen nicht nur im Herbst!

	Frühling	Sommer	Herbst	Winter
Mairitterling	x			
Speisemorchel	x			
Sommersteinpilz		x		
Maronenröhrling			x	
Herbsttrompete			x	
Austernseitling				x
Schopftintling		x	x	
Judasohr	x	x	x	x

Ausnahmen bestätigen die Regel

Durch bestimmte Witterungseinflüsse wie Kälte- und Trockenperioden können sich die Pilzsammelzeiten im Jahr mehr oder weniger stark verschieben. Es kommt aber auch immer wieder vor, dass manche Arten zu einer völlig anderen Zeit wachsen, als es für sie allgemein bekannt ist. Solche Phänomene können selbst Fachleute nicht immer erklären, denn das Pilzwachstum ist eine komplexe Angelegenheit, die von sehr vielen Faktoren abhängt. Die angegebenen Monate für das Erscheinen der verschiedenen Pilzarten sollten Sie daher als grobe Daumenregeln auffassen.

Wer zuerst kommt ...

... malt zuerst, so ist das auch beim Pilzesammeln. Oft lohnt sich zeitiges Aufstehen, damit man früher als andere Sammler ergiebige Stellen entdeckt.

Pilzwanderung

Unbedingt zu empfehlen ist eine geführte Pilzwanderung als Pilztour Nr. 1, bei der Sie von Fachleuten begleitet erste Erfahrungen sammeln können. Anbieter finden Sie im Internet, bei den Pilzberatungsstellen oder über die Volkshochschule.

Pilzwetter

Die Witterungsverhältnisse spielen für das Pilzwachstum eine große Rolle, aber auch hier gelten die allgemeinen Regeln nicht für alle Pilze in gleichem Maß. Auf jeden Fall gibt es einige Wetterbedingungen, die das Wachstum der meisten Speisepilze positiv beeinflussen.

Luftfeuchtigkeit

Die Pilzfruchtkörper können durch trockene Luft in ihrem Wachstum gestört werden. Deshalb ist hohe Luftfeuchtigkeit eine der wichtigsten Voraussetzungen für reiche Ernten. Ein Tag schwüle Gewitterluft reicht allerdings nicht aus – die Luftfeuchtigkeit sollte schon einige Tage bis Wochen hoch sein, damit sich die Suche richtig lohnt. Umgekehrt wird die Chance auf volle Körbe bei Wind und trockener Hitze oder Kälte kleiner.

Bodenfeuchte

Natürlich nehmen Pilze die Feuchtigkeit hauptsächlich über den Boden auf. Einzelne Regenfälle bringen aber noch nicht den gewünschten Effekt, vor allem wenn heißes Wetter das Wasser von der Bodenoberfläche im Nu wieder verdunsten lässt. Eine regnerische Periode bei bedecktem Himmel sollte idealerweise Ihrer Sammeltour vorausgehen.

Ihre erste Pilztour ...

... unternehmen Sie also am besten:

- im Spätsommer oder Herbst (August bis Oktober), wenn Marone, Rotkappe und Fichtensteinpilz Saison haben (das sind Pilze mit geringem Verwechslungsrisiko!),
- nach einer ein- bis zweiwöchigen Regenperiode, in der es relativ warm war,
- am frühen Morgen.

Wächst auch bei eisigen Temperaturen: der Austernseitling.

Die richtige Temperatur

Kalte Temperaturen hemmen das Wachstum der meisten Pilze, eine gewisse Wärme fördert es. Jede Pilzart hat dabei ihre ganz bestimmte „Lieblingstemperatur“, bei der sie am schnellsten wächst. Dieses Temperaturoptimum liegt in der Regel zwischen 18 und 27 °C. Wenn es viel zu heiß oder kalt ist, wachsen viele Pilze kein bisschen und sind auch an den besten Plätzen nicht zu finden.

Das heißt aber noch lange nicht, dass der Korb leer bleiben muss, denn auch hier gibt es Ausnahmen – man muss nur nach der richtigen Art suchen: Der Austernseitling beispielsweise fängt erst nach einem Kältereiz von unter 11 °C an zu sprießen und gedeiht auch bei Temperaturen um den Gefrierpunkt scheinbar problemlos.

Die richtige Ausrüstung

Den Korb packen

Das passende Equipment fürs Pilzesammeln ist wichtig. Wenn Ihre Findlinge etwa im Sammelgefäß nicht genügend Luft haben, kann das die Ernte verderben und sogar gesundheitliche Folgen haben. Richtig ausgerüstet zu sein trägt also auch zu Ihrer Sicherheit bei!

Kleidung

Auch als Pilzsammler sollten Sie, wie ein Wanderer oder Bergsteiger, auf eine gute Ausrüstung achten. Feste Schuhe, bequeme Kleidung und Regenschutz sind Grundvoraussetzung für eine ausgedehnte Tour. Schnell verlässt man die Wege, streift kreuz und quer umher und kämpft sich manchmal durch Dickicht und Unterholz (Achtung, Zeckengefahr!). Daran sollten sie denken, wenn sie in den Kleiderschrank greifen.

Nie ohne Buch

Vergessen Sie auf keinen Fall, ein Pilzbuch einzustecken. Wenn Sie nicht genau nachkontrollieren können, ob der entdeckte Pilz essbar ist, wird die Suche umsonst sein. Er muss **zu hundert Prozent** sicher bestimmt sein, damit Sie ihn mitnehmen und zubereiten können – und das ist für den Unerfahrenen ohne ein gutes Buch, in dem auch die giftigen Doppelgänger stehen, nicht möglich. Was Sie beim Bestimmen beachten müssen, finden Sie ab Seite 32. Unbekannte Pilze bitte in jedem Fall stehen lassen!

Hilfreich sind außerdem ein Stift und ein kleiner Schreibblock; so können Sie sich für den nächsten oder übernächsten Pilzausflug zum einen oder anderen Pilz Notizen machen: Wo genau steht er? Ist er jetzt noch zu klein zum Sammeln?

Das Sammelgefäß

Wer die gefundenen Pilze in unversehrter, appetitlicher Verfassung mit nach Hause bringen möchte, der sollte luftige und stabile Behältnisse verwenden. Gut geeignet sind Weiden- und Spankörbe, darin hält sich Ihr Sammelgut am besten.
Taschen, Beutel und Tüten aller Art sollten Sie zu Hause lassen, darin werden die empfindlichen Pilze gedrückt und beschädigt. Und noch schlimmer: Pilze geben immer Feuchtigkeit ab, und wenn diese nicht verdunsten kann, werden sie matschig, unansehnlich und verderben leicht. Solche gepeinigten Pilze können, obwohl es sich um gute Speisepilze handelt, ebenfalls zu einer Vergiftung führen. Sie sind vergleichbar mit altem Fisch oder verdorbener Wurst!

Das Messer

Zur Grundausrüstung gehört auch ein Messer. Hier haben sich Taschenmesser bewährt, da von ihnen eine geringe Verletzungsgefahr ausgeht. Immer schön abgeputzt, lässt es sich auch gleich für den Proviant gut gebrauchen.

Wenn Sie erst einmal am Suchen sind und vielleicht schon erste Erfolgserlebnisse hatten, kann sich so eine Pilztour länger hinziehen als ursprünglich geplant. Es schadet also nicht, ein Getränk und zumindest eine kleine Stärkung mit dabei zu haben. Sollte der erste Erfolg ausbleiben, empfiehlt sich ein Stückchen Schokolade, das hebt die Stimmung! Ebenfalls erheiternd und ebenso hilfreich ist es, gemeinsam mit Freunden aufzubrechen. Vier Augen sehen mehr als zwei, und das gemeinsame Bestimmen macht die Sache sicherer.

Das A und O ist das Wo!

Des Pilzes Lebensraum

Zu wissen, wo Pilze am liebsten und am prächtigsten gedeihen, ist die wahre Kunst des Pilzefindens. Die Lebensraum-Ansprüche jeder Pilzart zu kennen erleichtert aber nicht nur die Suche, sondern kann auch beim Bestimmen helfen.

Pilze wachsen doch …

… im Wald – das weiß schließlich jeder! Stimmt, Wälder sind die Sammelregion schlechthin (aber nicht die einzige!). Warum ist das so?

Viele Pilze bilden mit Bäumen eine Lebensgemeinschaft, eine Symbiose, die man Mykorrhiza nennt. Das Pilzgeflecht (Myzel) legt sich dabei um die Wurzeln des Baumes und dringt oftmals in diese ein. Vom Baum bekommt es dadurch Kohlenhydrate und bietet ihm im Gegenzug Wasser und Nährsalze an.

Einige dieser Mykorrhizapilze sind in ihrer „Partnerwahl" auf nur eine Baumart fixiert, deshalb werden Sie sie nur in der Nähe von bestimmten Bäumen finden. Fichtenreizker, Lärchenröhrlinge oder Espenrotkappe tragen ihren Lebenspartner schon im Namen.

Andere sind etwas flexibler und können mit mehreren Arten in Symbiose leben. Steinpilze zum Beispiel wachsen unter Kiefern, Fichten und Tannen ebenso wie unter Buchen und Eichen.

Wald ist nicht gleich Wald

Je nach Bodenverhältnissen und vorkommenden Pflanzen bieten Wälder ganz verschiedenartige Lebensräume für Pilze. Auf den folgenden Seiten finden Sie deshalb eine Übersicht, in welchen Wäldern welche Pilze zu finden sind.

Auch das Alter des Waldes ist ein wichtiger Faktor: In jungen Anpflanzungen sind meist nur wenige Pilze zu finden, ältere Schonungen sind schon erfolgversprechender.

Je natürlicher ein Wald ist, desto größere Chancen auf Pilze haben Sie. Solche Wälder können Sie an drei wesentlichen Aspekten erkennen: 1. Viele verschiedene Pflanzen wachsen dort. 2. Die Bäume sind nicht alle gleich hoch (also unterschiedlich alt). 3. Sie finden auch tote Bäume, Stämme und Äste.

Andere Suchgebiete

Wälder sind aber nicht die einzigen Lebensräume, in denen Sie gute Chancen auf leckere Pilze haben. Vor allem Waldränder, Viehweiden und Wiesen sind für Pilzsammler besonders beliebte Suchgebiete.

Aber auch an ganz gewöhnlichen Wegrändern oder in Gärten und Parkanlagen kann es sich ebenfalls lohnen, die Augen offen zu halten.

Nur bitte sammeln Sie nicht in Naturschutzgebieten. Das ist strafbar!

Lieblingsorte

Jeder Pilz hat eigene Ansprüche an den Untergrund. Bei den Porträts der besten Arten ab Seite 42 wird unter dem Stichwort „Lieblingsorte" erwähnt, wo Sie den Pilz genau suchen müssen.

Auch die Beschaffenheit des Untergrundes spielt eine wesentliche Rolle: der Nährstoffgehalt, der Säuregrad und vor allem die Feuchtigkeit sind ausschlaggebend. An Baumstümpfen, moosigen Stellen und in Mulden hält sich die Feuchtigkeit besonders gut und man wird in trockeneren Zeiten trotzdem noch fündig.

Typisch: Das Judasohr wächst an alten Holunderstämmen.

Nadelwälder

Ein idealer Nadelwald für Pilze ist alles andere als eine monotone Schonung: Er hat abwechselnd Stellen mit Moos, Nadelstreu, kleinen Sträuchern und Gras. Die Hauptbaumarten sind Kiefer, Fichte und Tanne.

Diese Pilze wachsen bevorzugt in unseren Nadelwäldern: Fichtensteinpilz, Maronenröhrling, Flockenstieliger Hexenröhrling, Rotfußröhrling, Ziegenlippe, Sandröhrling, Mairitterling, Pfifferling, Trompetenpfifferling, Edelreizker, Habichtspilz und Krause Glucke.

Kiefernwälder

Ganz besonders viele Speisepilze wachsen in moosreichen Kiefernwäldern. Hier macht das Sammeln richtig Spaß, da es wenig dichten Unterwuchs gibt und man an den offenen Stellen eine gute Übersicht hat. Abseits

Der Boden im Kiefernwald ist oft recht übersichtlich.

viel befahrener Straßen füllt sich da der Pilzkorb recht schnell.
Kiefernwälder gibt es auch an sehr trockenen Standorten, dann ohne viel Moos. Sie sind leider weniger ergiebig.

Fichtenwälder

Was im Flachland die Kiefer ist, wird im Bergland durch die Fichte weitgehend ersetzt. Fichtenwälder sind sehr lichtarm und manchmal sehr dicht. Die starke Schicht nicht verrotteter Fichtennadeln wirkt sich ungünstig auf Blütenpflanzen aus. Für Pilze stellt das oft kein Problem dar. Fichtenwälder sind gute Pilzreviere, die oft durch das Dickicht jüngerer Bäume undurchdringlich wirken; aber auch hier gibt es lichtere Stellen, die zum Sammeln einladen.
Fichtenwälder finden sich auch in flacheren oder hügeligen Regionen. Sie wachsen dort aber nicht von Natur aus, sondern sind durch die Forstwirtschaft entstanden. Vor allem mit eingestreuten Kiefern und Tannen können sie ein sehr lohnenswertes Gebiet darstellen.

Eine lichte Stelle im naturnahen Fichtenwald: da lohnt sich genaueres Hinsehen!

Tannen und Lärchen

Tannen- oder Lärchenwälder kommen erst in höheren Lagen und in den Alpen vor. In tieferen Lagen mischen sich die beiden Baumarten unter Kiefer und Fichte oder Laubbäume, ob natürlich oder angepflanzt. Da es einige Pilze gibt, die speziell mit ihnen in Symbiose leben, erhöht ihr Vorkommen die Pilzvielfalt.

Der starke Partner Nadelbaum

Weil so viele Pilze mit Bäumen in einer Gemeinschaft leben, muss man als Pilzsammler auch die wichtigsten Bäume erkennen können. Im Gegensatz zur Pilzbestimmung müssen Sie hier aber nur auf wenige, recht einfache Merkmale achten.

Kiefer

In Mitteleuropa ist die Wald-Kiefer die häufigste Kiefernart:

- Hoher Baum mit unregelmäßigen Ästen
- Lange, leicht gedrehte Nadeln zu zweit zusammen
- Rinde unten grob längsfurchig, grauschwarz, oben rötlich braun

Fichte

Bei Fichten handelt es sich meistens um die Gemeine Fichte, auch Rot-Fichte genannt:

- Hoher Baum mit regelmäßigen Ästen (wie Tannenbaum)
- Stechende Nadeln, rings um die Zweige
- Zapfen hängen nach unten und fallen im Ganzen ab

Fichte oder Tanne?

Fichte und Tanne auseinanderzuhalten ist auf den ersten Blick nicht immer ganz einfach. Da hilft der Merkspruch: „Fichte sticht, Tanne nicht!“ Probieren Sie es aus!

Tanne

Am häufigsten findet man bei uns die Weiß-Tanne:

- Hoher Baum mit regelmäßigen Ästen
- Nadeln nicht stechend und seitlich abstehend
- Zapfen stehen wie Kerzen nach oben, Samenschuppen fallen einzeln ab

Lärche

Die Europäische Lärche kommt in den Bergen natürlich, im Flachland häufig angepflanzt vor:

- Verfärbt und verliert im Herbst ihre Nadeln
- Nadeln stehen in kleinen Büscheln zusammen
- Zapfen klein und rundlich-oval

Laubwälder

Ein idealer Laubwald für Pilze sollte abwechslungsreich sein. Er ist nicht allzu trocken. Seine Hauptbaumarten sind Buche, Eiche, Hainbuche, Birke oder Zitter-Pappel. Diese Laubbäume haben viele Pilzarten als Mykorrhiza-partner.

Diese Pilze wachsen bevorzugt in Laubwäldern: Sommersteinpilz, Austernseitling und Herbsttrompete.

Buchenwälder

Der mit Abstand häufigste Laubbaum in Mitteleuropa ist die Rot-Buche, denn sie ist an unser Klima gut angepasst. Auf Jurakalk wie dem Schweizer-Schwäbisch-Fränkischen Jura (besser unter Fränkische Alb, Fränkische Schweiz, Schwäbische Alb usw. bekannt), den randlichen Alpen oder einigen Vulkangebieten bildet sie ausgedehnte Wälder. Neben der Buche als

Buchenwälder erkennt man schon von Weitem an ihrem frischen Grün.

Hauptbaumart kommen dort vor allem Hainbuche, Eiche, Ahorn und Esche vor. Besonders an Stellen, an denen der Boden etwas offener ist und wenige kleinere Pflanzen vorkommen, sind vielerlei Pilze zu finden. Gerade in regenreichen Herbstzeiten lohnt sich hier die Suche.

Auwälder und Erlenbrüche

Die feuchten Auwälder oder Erlenbrüche finden Sie in Fluss- oder Bachtälern oder in grundwassernahen Gebieten. Allesamt sind sie durch eine hohe Bodenfeuchte – zum Teil sogar regelmäßige Überschwemmungen – geprägt. Pilze mögen es zwar generell feucht, aber leider wachsen hier eher ungenießbare und giftige Arten, für den Speisepilzsammler nicht gerade verlockend. Ein Frühlingsausflug in den nächsten Auwald kann sich trotzdem lohnen: Die ausgezeichnete und leicht bestimmbare Speisemorchel braucht genau diese Bedingungen.

Ein Goldstück im Auwald: die Speisemorchel.

Birken und Zitter-Pappeln

In unseren Breiten gibt es keine ausgedehnten Wälder mit Birken oder Zitter-Pappeln, die als gute Symbiose-Bäume für Pilze gelten. Trotzdem findet man diese Bäume – und ihre vielen Pilzpartner – nicht selten. Sie tauchen oft an Waldrändern, in Hainen, als Alleen oder einzeln stehend auf.

Der starke Partner Laubbaum

In unseren Breiten gibt es weit mehr Laubbäume und -sträucher als Nadelbäume. Die allerhäufigsten heimischen Arten sind gleichzeitig am interessantesten für den Pilzsucher. Sie lassen sich leicht an zwei Händen abzählen.

Buche

Die Rot-Buche ist unser häufigster Baum:

- Blätter oval zugespitzt mit glattem Rand
- Rinde grau und glatt
- Früchte sind Bucheckern, die ganz oder aufgebrochen unter dem Baum zu finden sind

Birke

Es gibt in unserer Umgebung einige Birkenarten, oft handelt es sich dabei um die Hänge-Birke:

- Blätter zugespitzt mit gezacktem Rand
- Rinde weiß mit schwarzen Rissen
- Dünne Zweige hängen wie Fäden herab

Eiche

Am häufigsten wächst bei uns die Stiel-Eiche:

- Blätter ohne oder mit kurzem Stiel, fest, mit tief welligem Rand
- Eicheln in Hütchen mit langem Stiel
- Äste oft unregelmäßig krumm

Hainbuche

Die Hainbuche ist gar keine Buche, sieht ihr aber ein bisschen ähnlich:

- Blätter oval zugespitzt mit unregelmäßig gezacktem Rand
- Rinde glatt und grau, Stamm sehnig, oft strauchförmig verzweigt
- Früchte mit dreilappigen „Segelblättern"

Zitter-Pappel

Die Zitter-Pappel heißt auch Espe und ihr Name ist Programm:

- Blätter rundlich mit stumpf gezähntem Rand
- Blattstiel flach, so „zittern" die Blätter bei Wind hin und her
- Rinde am Stamm gräulich glänzend mit dunklen „Warzen"

Bunt gemischt mit Laub und Nadeln

Die meisten Wälder in sind keine reinen Laub- oder Nadelwälder, sondern Mischwälder. Hier wachsen mehrere Baumarten, was wiederum eine gewisse Pilzvielfalt zur Folge hat. Außerdem begegnen Ihnen Bäume natürlich in Parkanlagen und Gärten – auch diese Lebensräume sind gute Suchgebiete.

Mischwälder

Pilze, die vor allem im Mischwald vorkommen, gibt es kaum. Sie sind entweder an einzelne Baumarten oder einen bestimmten Untergrund gebunden oder so unspezifisch, dass man sie als weit verbreitet bezeichnet.
Häufig sind ganz bestimmte Baumarten im Wald miteinander vergesellschaftet, weil sie denselben Standort mögen. Birken wachsen sehr gern in Nadelwäldern, Bruchwäldern oder Eichenwäldern. Berg-Ahorn und Eschen hingegen wachsen häufig in Buchenwäldern und bevorzugen nährstoffreiche Lebensräume. Der Pilzreichtum im Mischwald ist nicht zum Schluss darin begründet, dass jede Baumart ihre speziellen Begleiter mitbringt. Natürlich kommen hier zusätzlich auch Pilze vor, die nicht an bestimmte Baumarten gebunden sind.
Übrigens: Wo es vielerlei Bäume und Pilze gibt, da können Sie noch einige andere Naturschätze entdecken. Halten Sie nur die Augen und Ohren offen und Sie werden so manches hübsche Tier oder Pflänzchen aufspüren. Bitte denken Sie aber daran, dass Sie nicht in Naturparadiesen Pilze sammeln, die unter Schutz stehen!

Baumvielfalt fördert die Pilzvielfalt – im Mischwald können Sie die verschiedensten Pilze finden.

Parks und Gärten

In Parkanlagen und Gärten, aber auch auf Friedhöfen oder in Alleen sind die Bedingungen für Pilze – sofern sie nicht überdüngt sind – besonders günstig, denn hier treffen zwei wesentliche Faktoren aufeinander: Einerseits können unter den oft bunt zusammengewürfelten, häufig älteren Baumbeständen vielerlei Myhorrhizapilze wachsen, die auch im Wald vorkommen. Andererseits finden sich auf den Rasenflächen die typischen Wiesenpilze. Noch dazu bieten spezielle Ecken wie Komposthaufen oder Rindenmulch ganz besondere Bedingungen an, die von wieder anderen Pilzarten bevorzugt werden.

Mu-Err findet jeder!

Das Judasohr (Seite 98), auch unter dem Namen Mu-Err bekannt, finden Sie garantiert ganz in Ihrer Nähe. Er wächst nämlich besonders gerne an alten Holundersträuchern, die bestimmt auch in einem Garten oder Park nicht weit von Ihrer Haustür angepflanzt sind.

Wiesen und Weiden

Eine Wiese für Pilze hat kurzes Gras, da sie regelmäßig gemäht oder beweidet wird. Wachsen verschiedenste Gräser und Blumen auf ihr, ist auch mit vielen Pilzarten zu rechnen. Artenarme Wiesen, auf denen nur der Löwenzahn blüht, beherbergen zwar wenige, aber oft ergiebige Speisepilze.

Diese Pilze wachsen bevorzugt auf Wiesen: Wiesenchampignon, Schopftintling und Nelkenschwindling.

Geliebt und doch gefährlich

Viehweiden und Wiesen sind für Pilzsammler besonders beliebte Pilzstandorte. Das Sammeln kann dort sehr erfolgreich sein, denn viele Pilze, wie etwa der Wiesenchampignon, leuchten aus dem saftigen Grün der Wiese schon von Weitem heraus. Hier ist zwar die Chance, auf giftige Waldpilze zu treffen, eher gering – die Regel „Auf der Wiese wachsen keine giftigen Pilze" stimmt allerdings nicht. Es gibt eine ganze Reihe von Wiesen bewohnenden, meist kleinen Pilzen, die giftig sind! Wie in jedem anderen Lebensraum müssen Sie also genau prüfen, ob es sich auch zu hundert Prozent um eine essbare Art handelt, bevor sie in Ihrem Korb landet.

Wirklich nicht zu übersehen: junge Schopftintlinge.

Wirklich nicht appetitlich: alte Schopftintlinge.

Wo ist der Parasol?

Der beliebte Parasol oder Riesenschirmling wird oft als typischer Wiesenpilz bezeichnet. Doch das ist er gar nicht! Eigentlich bevorzugt er lichte Wälder und Waldwiesen und kommt nur gelegentlich auf Wiesen vor. Weil er aber im niedrigen Grün der Wiesen sogar dem auffällt, der gar nicht auf Pilzsuche ist, haben viele Leute den Eindruck, dass er dort besonders gerne wächst.

Schopftintling im Handumdrehen genießen

Vielleicht kennen Sie ihn ja schon – der Schopftintling ist ein recht häufiger Pilz, der typischerweise auf Wiesen und Weiden wächst, oft in Gruppen. Haben Sie ihn gefunden (und selbstverständlich sorgfältig bestimmt), sollten Sie ihn so schnell wie möglich verarbeiten. Sonst zeigt er sich von seiner „tintligen" Seite und verwandelt sich in eine dunkle, unappetitliche Masse.

Wenn Sie keinen Campingkocher auf Ihre Pilztour mitnehmen wollen, essen Sie Ihre leicht verderblichen Schopftintlinge doch daheim als schnelle Vorspeise: halbiert, gewürzt und angebraten sind sie schnell, ein Stück Weißbrot dazu, fertig!

Pilze bestimmen und sammeln

Zweifellos bestimmen

Ob der Schmetterling vor Ihnen nun Kleiner oder Großer Fuchs heißt, ist interessant, aber nicht lebenswichtig. Bei Pilzen ist das anders. Wenn Sie sich jedoch an die Grundregeln der Bestimmung halten, sind Sie auf der sicheren Seite.

Drei goldene Regeln

1. Bestimmen Sie jeden einzelnen Pilz sehr genau, der in Ihren Korb wandert. Giftige und essbare Pilze können manchmal bunt durcheinander wachsen und sich dabei recht ähnlich sehen.
2. Pilze lassen sich nur durch den Vergleich mit einem Foto und der dazugehörigen Beschreibung bestimmen. Lesen Sie **die gesamte Beschreibung** aufmerksam durch und vergleichen Sie jedes Merkmal mit ihrem Fundstück. Dazu gehören auch der Fundort, der Geruch und der Geschmack. Schließen Sie dabei auch giftige Verwechslungsarten aus.
3. Wenn Sie sich nicht voll und ganz sicher sind, lassen Sie den Pilz stehen oder fragen Sie jemanden, der sich mit Pilzen gut auskennt! Gehen Sie auf keinen Fall ein Risiko ein.

Auf den ersten Blick

Der erste Blick auf den Pilz gilt seiner äußeren **Form**. Neben den allseits bekannten Hutpilzen, die in Hut und Stiel gegliedert sind, gibt es verästelte, rundliche oder hirnartige Formen. Andere wiederum erinnern an Schüsseln oder Becher, Keulen oder Trichter. Die anfangs verwirrende Vielgestaltigkeit der Pilze lässt sich in einige überschaubare Grundformen zusammenfassen: Einerseits gibt es die eben erwähnten Hutpilze;

Pilz abschneiden, auf Maden untersuchen, grob putzen und ab damit in den Korb.

Wie ernte ich?

1. Drehen Sie auf dem Boden wachsende Arten vorsichtig heraus oder schneiden Sie Ihren sicher erkannten Pilz unten ab (sofern die Stiele verwendbar sind) und decken Sie die Stelle mit Bodenmaterial zu. Auf Holz wachsende Pilze können Sie ohne Stiele ernten, da diese oft holzig sind.
2. Überprüfen Sie Ihre Schätze an Ort und Stelle auf Maden. Schneiden Sie dazu größere Pilze längs durch. Ist der Pilz nur stellenweise madig, schneiden Sie ihn großzügig aus.
3. Putzen Sie die Pilze sofort, bevor Sie sie in den Korb legen. So bleiben Lamellen oder Röhren gleich vom Schmutz verschont und Sie haben zu Hause weniger Aufwand. Streifen Sie Erde und Waldstreu ab und ziehen Sie bei klebrigen und schleimigen Hüten die Huthaut im Ganzen ab. Zu Hause angekommen geht es an die Feinarbeit (Seite 104).
4. Legen Sie immer die schwereren Pilze unten in den Korb. So werden empfindliche oder spröde Arten nicht zerdrückt. Lamellen oder Röhren sollen stets nach unten zeigen, so können sie nicht verschmutzen.

dazu gehören Pilze mit Röhren, mit Lamellen oder Leisten oder mit Stacheln. Neben ihnen gibt es Bauchpilze, Strauchpilze und Becherlinge sowie Morcheln und Lorcheln.
Die **Farbe** des Hutes ist ebenfalls ein wichtiges Erkennungsmerkmal. Bei ein und derselben Art kann sie aber mehr oder weniger stark variieren: Ein nasser Pilz wirkt dunkler. Bei jungen Pilzen oder Formen, die im Schatten wachsen, kann dies ebenfalls möglich sein. Starke Trockenheit, viel Sonne oder fortgeschrittenes Alter lassen viele Pilzhüte verblassen.

Pilze näher betrachtet

Die äußere Form und Farbe des Pilzes genügen aber keinesfalls, um einen Pilz sicher zu bestimmen. Mit entscheidend sind typische Merkmale an Hut und Stiel. Dazu zählen:

- **Aussehen und Beschaffenheit der Hutober- und Hutunterseite,**
- **Stielform und seine Oberfläche**,
- Kennzeichen am Stiel wie **Knollen, Manschetten und Ringe** und die
- **Merkmale des Fleisches** (also das Gewebe unterhalb der Oberfläche, das man beim Durchschneiden sieht).

Für die Beschreibung dieser charakteristischen Merkmale werden in den Pilzbüchern Bezeichnungen verwendet, die leicht verständlich und eindeutig sind. In der folgenden Übersicht finden Sie die nötigen Begriffe, um die Beschreibungen zu verstehen.

Schauen Sie sich den Pilz haargenau an, bevor er in Ihren Korb wandert.

Oft sind die Kennzeichen der **Lamellen** ein wichtiges Bestimmungsmerkmal. Zu beachten sind dabei die Lamellenfarbe (die bei jungen und älteren Pilzen oft unterschiedlich sein kann), Abstand, Dicke und Breite der Lamellen und ihre Form an der Ansatzstelle am Stiel.
Ähnlich wie die Lamellen werden auch die **Röhren**, manchmal auch Schwamm oder Futter genannt,

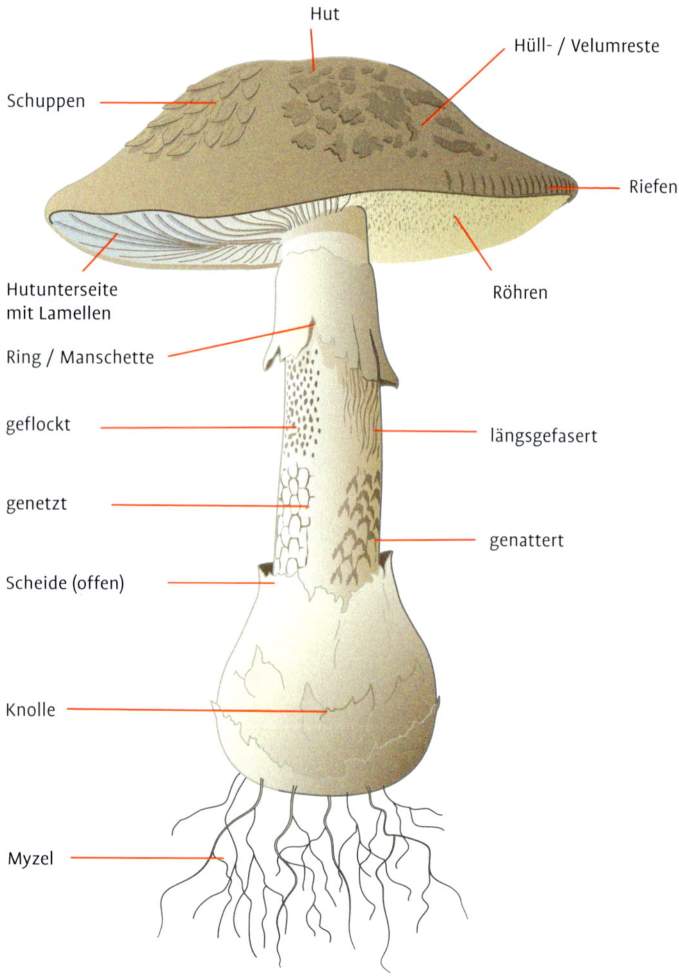

näher beschrieben. Sie können am Stiel etwas herablaufen, angewachsen oder frei sein.
Ebenfalls wichtige Kennzeichen liefern die Form (eckig – rund) und Weite (eng – weit) sowie die Farbe der **Poren** (das sind die „Ausgänge“ der Röhren) und ihre Verfärbung bei Druck. Einige Pilze haben beispielsweise blauende Poren, das heißt, sie verfärben sich blau, wenn man sie mit dem Finger andrückt.

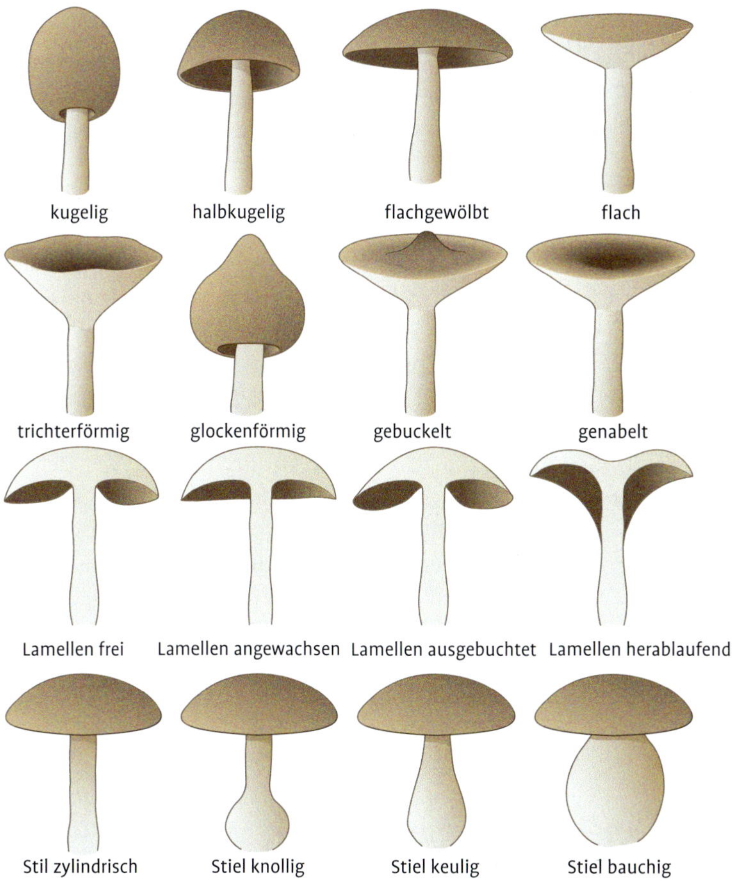

Alle Merkmale sind wichtig: der Grüne Knollenblätterpilz schmeckt gut, ist aber tödlich giftig.

Der **Stiel** kann unterschiedlich geformt sein: schlank, dick, bauchig, knollig verdickt oder mit einer offenen Scheide ausgestattet. Er kann beringt oder unberingt, glatt oder faserig sein. Bei der Pilzbestimmung kommen aber nicht nur Seh- und Tastsinn zum Einsatz. Pilze unterscheiden sich auch in ihrem **Geruch**. Sie können so unterschiedliche Aromen haben, dass man meinen sollte, es gibt im gesamten Pilzreich keinen Geruch, den es nicht gibt: Rettich, Knoblauch, Anis, Früchte, Aas, Scheunenstaub, Leder oder Zedernholz sind nur einige Beispiele.

Unumstritten ist die Tatsache, dass Pilze einen sehr unterschiedlichen **Geschmack** haben. Aber dies gilt nicht nur für zubereitete, sondern auch für rohe Pilze. Den oft arttypischen Geschmack macht man sich bei der Bestimmung zunutze. Dabei sei bemerkt, dass Sie zwar jeden Pilz vorsichtig kosten können, Sie müssen allerdings darauf achten, dass Sie alles wieder ausspucken, auch das kleinste Stückchen! Die sicherste Methode ist, nur die Zunge an den Pilz zu halten und gar nichts in den Mund zu nehmen. Bitte achten Sie auch darauf, dass Sie diese Kostprobe nicht vor Kindern durchführen! Das könnte zu Missverständnissen führen.
Pilze können bitter, scharf und unangenehm oder gar widerlich schmecken. Aber es wäre ein gefährlicher Irrtum zu meinen, alle angenehm und mild schmecken-

den Pilze wären genießbar. Der tödlich giftige Grüne Knollenblätterpilz zum Beispiel hat einen angenehm nussigen Geschmack!
Noch ein Merkmal müssen Sie beachten, dann haben Sie es geschafft: Den **Fundort**. Jede Pilzart hat eigene Ansprüche an ihre Umgebung, also kann im Umkehrschluss ihr Standort (unter einem bestimmten Baum, auf der Wiese, auf Rinde usw.) ein weiteres Puzzlestück bei der Bestimmung sein.

Der richtige Umgang

Um einer Pilzvergiftung vorzubeugen, ist es nicht nur wichtig, ausschließlich essbare Pilze zu sammeln, sondern sie auch richtig zu behandeln. Halten Sie sich dabei immer vor Augen, dass Pilze – wie Fisch oder Fleisch – leicht verderbliche und schwer verdauliche Lebensmittel sind, dann können Sie nicht mehr viel falsch machen. Denken Sie also daran, nicht zu alte Pilze zu sammeln, sie in einem luftigen Behältnis wenn möglich im Kühlen aufzubewahren und sie so bald wie möglich zu verarbeiten. Da Pilze schwer verdaulich sind, sollten Sie sie nicht zu oft und keine übermäßigen Mengen davon zu sich nehmen. Achten Sie außerdem darauf, dass einige Menschen auf bestimmte Arten allergisch reagieren können oder Pilze gar nicht vertragen.

Auf Nummer sicher ...

... gehen Sie garantiert, wenn Sie sich nach Ihrer Sammeltour bei einem ehrenamtlichen Pilzberater absichern. Auch in Ihrer Nähe gibt es einen dieser geprüften Sachverständigen, der darauf spezialisiert ist, Ihnen bei Fragen der Bestimmung zu helfen (Seite 124). Sie werden sehen, nach und nach werden Sie selbst beim Bestimmen immer sicherer.

Pilze richtig sammeln

Nun haben Sie ihren Pilz sicher bestimmt und als essbar identifiziert. Jetzt wollen Sie ernten und auch hier – Ihrer Gesundheit und der Natur zuliebe – alles richtig machen. Ein paar Vorüberlegungen, und schon kann es losgehen.

Richtig gerüstet

Wie bereits erwähnt, brauchen Sie das richtige Sammelgefäß für Ihre Ernte. Zur Erinnerung: es soll luftdurchlässig sein, damit die Pilze nicht vorzeitig verderben. Auch ein kleines Messer darf nicht fehlen.

Welcher Pilz kommt in den Korb?

- Sammeln Sie grundsätzlich nur Pilze, die Sie sicher als essbar erkennen. Unbekannte, ungenießbare oder giftige Arten lassen Sie stehen. Auf keinen Fall sollten Sie unbrauchbare Pilze umtreten oder vernichten, denn für unsere Umwelt sind sie genauso wichtig wie Speisepilze. Außerdem könnte es sich um eine der geschützten Arten handeln; diese müssen in jedem Fall, auch wenn sie essbar sind, geschont werden.
- Sammeln Sie keine Pilze, die bereits ausgerissen oder abgeschnitten sind. Sie wissen nie, wie lange sie dort schon liegen und was mit ihnen geschehen ist.
- Nehmen Sie nur Pilze im richtigen Alter, die also der Beschreibung im Buch entsprechen. Bei sehr kleinen Jungpilzen ist die Verwechslungsgefahr zu groß. Vorsicht auch bei älteren Pilzen: Die Gefahr einer Lebensmittelvergiftung ist hier sehr groß, da sie schon verdorben sein können.
- Sammeln Sie nur Pilze, die nicht zu sehr von Maden oder Schnecken befallen oder sogar faulig sind.

Voller Korb – was nun?

Erste Schritte

Ihre Pilztour war erfolgreich? Gratulation! Jetzt sollten Sie Ihre Beute zügig weiter verarbeiten, damit sie nicht verdirbt. Pilze enthalten nämlich leicht verderbliches Eiweiß und sind daher genauso zu behandeln wie roher Fisch oder rohes Fleisch!

Wenn's schnell gehen muss

Ist nur wenig im Korb, bietet es sich an, ein schnelles Mischpilzgericht daraus zu bereiten. Haben Sie aber Glück gehabt und volle Körbe mit nach Hause gebracht, dann sollten Sie so vorgehen:

- **Die Pilze auspacken und nach Arten sortieren:** So haben Sie schnell einen Überblick, wie Sie weiter verfahren können. Sollten Sie sich beim einen oder anderen Pilz doch nicht ganz sicher sein, legen Sie ihn separat, bestimmen Sie ihn sorgfältig nach oder fragen Sie einen Pilzberater.
- **Sich den leicht verderblichen Pilzen widmen:** Dazu zählen die Schopftintlinge, die Sie sofort zubereiten sollten. Die anderen so lange kühl und luftig lagern.
- **Weichfleischige Pilze verarbeiten:** Weiche Röhrlinge wie Goldröhrling oder Birkenpilz sowie zarte Lamellenpilze, schon offene Champignons oder Perlpilze sollten Sie zügig verarbeiten.

Achtung, Mitesser!

Heben Sie keine madigen Pilze auf! Die Maden fressen sich so schnell durch abgeerntete Pilze, dass Ihnen kaum noch etwas zum Abendessen bleibt.

Genügsamere Genossen

An einem kühlen, luftigen Ort lassen sich festfleischige Röhrlinge wie Steinpilze, Maronen, Rotkappen oder Hexenröhrlinge bis zum nächsten Tag lagern. Außerdem können Sie Lamellenpilze mit trockenem Fleisch und recht fester Konsistenz wie Nelkenschwindlinge oder Maipilze etwas aufheben.
Nur ganz wenige sind so fest, dass sie auch eine zweitägige Lagerung gut überstehen. Das sind Pfifferlinge, Semmelstoppelpilze oder Austernseitlinge. Aber Vorsicht: Auch einzelne Exemplare dieser Arten wären besser schnell im Topf. Sie sollten sich zur Grundregel machen: So schnell wie möglich verarbeiten und nur so lange wie unbedingt nötig aufbewahren.

Richtig putzen bringt Nutzen

Je sauberer Sie die Pilze an Ort und Stelle in den Korb gelegt haben (Seite 39), desto geringer ist der Aufwand zu Hause:

Bei der Feinarbeit hilft ein Pinsel.

Säubern Sie dreckige oder sehr schleimige Hüte, indem Sie die gesamte Huthaut abziehen. Teile, die von Madengängen durchzogen sind, sollten Sie ausschneiden, genau wie die Druckstellen vom Transport. Entfernen Sie auch ältere Röhren, die schwammig oder gar matschig sind.
Pilze mit Faulstellen sollten Sie erst gar nicht sammeln oder spätestens jetzt aussortieren.
Lamellen zu reinigen gleicht schon einem kleinen Kunststück. Sie sollten dieser Mühe durch sorgfältigen Transport vorbeugen. Pinsel oder eine feine Bürste helfen, letzte Schmutzpartikel zu entfernen. Zähe Stellen oder holzige Stielteile werden weggeschnitten und höchstens getrocknet zu Pilzpulver vermahlen.

Soll man Pilze waschen?

Gut geputzte Pilze müssen in der Regel nicht gewaschen werden. Bei einigen Exemplaren wird man jedoch nicht auf Wasser verzichten können: aber nur kurz abspülen, sonst saugen sie sich voll Wasser und verlieren so an Geschmack!
Ausnahmen sind Krause Glucke und Morchel: Sie müssen gut unter fließendem Wasser gewaschen werden, da sich in den vielen Windungen kleine Insekten und Schmutzpartikel befinden.

Pilze haltbar machen

Um Ihre reiche Ernte in kleinen Portionen und das ganze Jahr über genießen zu können, gibt es verschiedene Möglichkeiten der Konservierung. Dazu zählen Trocknen, Einkochen, Einlegen in Essig oder Salz, Einfrieren und noch einiges mehr.

Trocknen

Eine einfache Methode, die reiche Ernte in einen Pilzvorrat zu verwandeln, ist das Trocknen. Hierfür sollten Sie darauf achten, nur einwandfreies Pilzmaterial zu verwenden.

Dauert ... Mehrere Stunden oder Tage.

Hält sich ... Getrocknete Pilze sollte man nicht länger als 18 Monate aufbewahren.

Welche Pilze? Alle festfleischigen Röhrlinge wie Steinpilz, Marone, Rotkappe, aber auch Ritterlinge, Morcheln, Herbsttrompete oder Nelkenschwindling. Als ausgesprochener Würzpilz gilt der Habichtspilz. Sein Pilzpulver verleiht Soßen und Suppen ein volles Aroma.

Und welche nicht? Leicht verderbliche und wasserhaltige Arten wie Tintlinge, Perlpilz oder Birkenpilz. Pfifferlinge nur, wenn man sie später zu einem Pilzpulver verarbeitet, sie werden recht hart und schmecken etwas bitter. Ältere oder weichfleischige Champignons eignen sich nicht zum Trocknen, da sie leicht wieder Wasser ziehen und dann schnell schimmeln.

So geht's: Pilze auf keinen Fall vorher waschen, keine stark durchfeuchteten nehmen. Pilze putzen, in große, höchstens 5 mm dicke Scheiben schneiden und auf einer luftdurchlässigen Unterlage wie einem Rost ausbreiten oder mit Nadel und Faden auffädeln und aufhängen.

Rascheln müssen sie, dann sind sie fertig.

Idealerweise bei trockener Wärme und etwas Wind trocknen. Ansonsten bei nicht über 50 °C im Herd dörren. Pilzstückchen immer wieder wenden bis sie rascheln und beim Brechen knacken. Abgekühlt sofort in dicht schließende Gefäße geben und kühl und trocken aufbewahren.

Wie verwenden? Vor dem Genuss der Trockenpilze werden diese einige Stunden, am besten über Nacht, in wenig Wasser eingeweicht und dann mindestens 20 Minuten mitgekocht.

Achtung

Verzehren Sie Trockenpilze nie roh – sie sind genauso wenig essbar wie die meisten frischen Pilze.

Pilzpulver

Pilzpulver ist sehr praktisch. Es ist leicht anzuwenden und hat eine hohe Würzkraft. Das Einweichen fällt weg und die Pilzeiweiße sind leichter verdaulich.

Dauert ... Sind die Pilze bereits getrocknet, dauert es nur wenige Minuten.

Hält sich ... Gemahlene Pilze sollte man nicht länger als 12 Monate aufbewahren.

Welche Pilze? Harte Trockenpilze, wie Pfifferlinge, Semmelstoppelpilze oder Habichtspilze kann man so optimal nutzen. Bestens geeignet sind Würzpilze wie der Habichtspilz (siehe unter Trocknen).

So geht's: Trockene Pilze am besten in einer handbetriebenen Mühle, zum Beispiel einer Kaffeemühle, zerkleinern. Bei einer elektrischen Mühlen mehrmals kurz mahlen, damit sie nicht zu warm wird.

Wie verwenden? Pilzpulver wird einfach in das Gericht gegeben und kurz mitgekocht.

Einkochen

Unsere Uromas waren vom Einkochen begeistert. Da es heute viele andere Möglichkeiten gibt, ist es in den letzten Jahren etwas aus der Mode gekommen. Doch bei Pilzen ist das Einkochen immer noch eine beliebte Methode, nicht zuletzt weil man seinen Findlingen mit Gewürzen eine ganz eigene Note verleihen kann: So kann man sie auch wunderbar verschenken.

Dauert ... 60 + 45 Minuten, dazwischen zwei Tage Ruhezeit.

Hält sich ... Etwa 12 Monate.

Welche Pilze? Feste Pilze in bester Qualität. Ein besonders hübscher Farbklecks ist der Violette Lacktrichterling.

So geht's: Ganze oder halbierte Pilze 5 Minuten in leicht gesalzenem Wasser blanchieren. Einmach- oder Schraubdeckelgläser mit Pilzen und frischem Salzwasser zu ¾ füllen, Deckel schließen. Gläser in einen großen Topf stellen und mit Wasser bedecken.

Ganz individuell: würzig eingelegte Pilze

Sie können statt des Salzwassers auch eine würzige Essiglösung einfüllen (1 Teil Kräuteressig auf 2 Teile Wasser). Nach Belieben Pfeffer- und Senfkörner, Lorbeerblätter, Silberzwiebeln, Paprika, Ingwer, Kurkuma und andere Gewürze verwenden. 30 Minuten in ruhig siedendem Wasser einkochen und nach 48 Stunden wiederholen. Gläser genau mit Datum und Art des Inhalts beschriften und kühl und dunkel lagern.

Wichtig! Das Glas muss vor dem Öffnen noch den Deckel eingezogen haben, also absolut dicht sein. Sonst kann es sein, dass der Inhalt verdorben und damit unverträglich oder sogar giftig geworden ist.

Wie verwenden? Einfach das Glas öffnen und zu Salaten oder kalten Platten reichen.

Einfrieren

Pilze kann man sehr gut tiefkühlen. Das geht schnell und sehr einfach. Kurz blanchiert, erhalten die gesammelten Schätze Geschmack, Farbe und Konsistenz. Roh eingefroren werden viele Pilze schwammig oder zäh und bitter.

Dauert ... Wenige Minuten pro Portion.

Hält sich ... Tiefgefrorene Pilze sollten nicht länger als 12 Monate aufbewahrt werden.

Welche Pilze? Alle festfleischigen Arten.

So geht's: Saubere, frische Pilze von bester Qualität so in Scheiben oder Stücke schneiden, wie sie später auch gegessen werden sollen. Portionsweise in siedendem Salzwasser 2 bis 4 Minuten blanchieren, dann herausnehmen, gut abtropfen und abkühlen lassen, in Gefrierbeutel oder Behältnisse verpacken und sofort einfrieren. Die Gefäße mit Datum und Art des Inhalts beschriften.

Wie verwenden? Aufgetaute Pilze (im Kühlschrank auftauen) müssen schnell verarbeitet werden und dürfen nicht wieder eingefroren werden. Kleinere Portionen in flachen Gefriergefäßen können Sie auch im gefrorenen Zustand erhitzen.

Mit derart blanchierten Pilzen können Sie auch ganze Pilzgerichte vorbereiten und einfrieren, dann sollten Sie sie aber schneller verbrauchen. Wichtig ist das schnelle Einfrieren und das sofortige Zubereiten nach dem schonenden Auftauen im Kühlschrank.

Alles verwenden

Die Brühe, die beim Blanchieren oder Einkochen im Glas entsteht, können Sie ebenfalls verwenden: Sie bildet eine schmackhafte Grundlage für Suppen und Soßen.

Bewährte Klassiker

Pilze lassen sich auf ganz unterschiedliche Art und Weise lecker zubereiten. Besonders bemerkenswert ist, dass es – auch in der traditionellen Küche – viele Pilzgerichte gibt, die ganz ohne Fleisch auskommen, ohne dass man dabei etwas vermisst.

Pilzomelett

Für 2 Personen:

- 1 kleine Zwiebel oder Schalotte
- etwas Räucherspeck (optional)
- Öl zum Anbraten
- 500 g Pilze
- 5 Eier
- Salz und Pfeffer

Die Zwiebel oder Schalotte schälen und fein würfeln. Den Speck ebenfalls fein würfeln. Die geputzten Pilze in feine Scheiben schneiden. Speck und Zwiebelwürfel in etwas Öl bei mittlerer Hitze in der Pfanne andünsten. Pilze in Scheiben zugeben und von allen Seiten gut durchgaren. Eier verquirlen, salzen und pfeffern und über die in der Pfanne gleichmäßig ausgebreiteten Pilze geben. Bei schwacher Hitze und ohne Deckel langsam garen und wenden, sobald das Ei nicht mehr flüssig ist.
Wer möchte, kann das Omelett mit Schnittlauch oder anderen frischen Kräutern garnieren. Dazu passen gebuttertes Toastbrot und ein grüner Salat.

Panierter Parasol

Für 2 Personen:

- 2–4 Parasol-Hüte, je nach Größe
- Salz und Pfeffer
- etwas Mehl
- 1 Ei
- etwas Paniermehl
- Butterschmalz oder neutrales Öl

Die Parasol-Pilze ohne Stiel säubern, leicht salzen und pfeffern und wie ein Schnitzel panieren: Auf drei nebeneinander stehende Teller Mehl, verquirltes Ei und Paniermehl geben und in dieser Reihenfolge die Hüte darin wenden. Fett in einer beschichteten Pfanne erhitzen und das Pilzschnitzel bei mittlerer Hitze auf beiden Seiten goldbraun braten.

Dazu können Sie alles reichen, was Ihnen zu einem panierten Schweineschnitzel schmeckt. Gut passen ein bunter Salat und ein Klecks frischer Kräuterquark zum dippen – das ist besonders schnell gemacht und nicht zu üppig. Wie zum Schnitzel passt auch etwas Zitronensaft auf die Panade.

Rahmpfifferlinge

Für 2 Personen:

- 1–2 Schalotten
- Butter
- 500 g Pfifferlinge
- 100 g roher Schinken (optional)
- 200 g süße Sahne
- 2 EL Weißwein
- Salz und Pfeffer
- Muskat

Schalotten schälen und fein würfeln. Den Schinken würfeln. Pfifferlinge putzen und große längs halbieren. Schalottenwürfel in Butter bei mittlerer Hitze glasig dünsten. Pfifferlinge und den Schinken zugeben, 5 Minuten anbraten und mit Salz und Pfeffer würzen. Sahne und Wein zugeben, 2 Minuten aufkochen lassen und mit etwas geriebener Muskatnuss abschmecken.

Zu Rahmpfifferlingen passen besonders gut Bandnudeln oder Spaghetti. Sie sind aber auch als Beilage zu unpaniertem Schnitzel oder Wild mit Spätzle sehr beliebt.

Pilzpfanne

Für 2 Personen:

- 1–2 Schalotten
- Butterschmalz oder neutrales Öl
- 500 g Pilze
- Salz und Pfeffer
- Majoran und Rosmarin oder Thymian
- etwas abgeriebene Zitronenschale

Schalotten schälen, fein würfeln. Pilze gut putzen und je nach Geschmack in Scheiben oder Stückchen schneiden. Die Schalotten in dem Fett in einer Pfanne bei mittlerer Hitze andünsten. Pilze dazugeben, sanft braten und immer wieder wenden, bis sie eine appetitliche, goldgelbe Färbung annehmen. Salzen, pfeffern und nach Gusto mit den Kräutern und Zitronenschale abschmecken.

Für kleine Ernten ...

... eignet sich die Pilzpfanne besonders gut, sogar wenn mehrere Gäste da sind und Sie nur wenige Pilze gefunden haben. Nehmen Sie die Pilze einfach zum Garnieren für Salate oder Fleisch oder „strecken" Sie sie mit Lauch, Croutons oder gerösteten Kürbiskernen. Selbstverständlich lassen sich Ihre gefundenen Wildpilze auch mit zugekauften kombinieren.

Das Who-is-who der Besten

Steinpilz

Fichtensteinpilz, Sommersteinpilz, Kiefernsteinpilz

Sammelzeit: Von August bis Oktober, den Sommersteinpilz kann man schon im Mai oder Juni finden.

Lieblingsort: In Nadel- und in Laubwäldern. Der Sommersteinpilz wächst gerne unter Buchen und Eichen, der Kiefernsteinpilz meist unter Kiefern, der Fichtensteinpilz bei Fichten.

Kennzeichen: **Hut** bis 25 cm breit, gewölbt, polsterförmig, hell- bis dunkelbraun, glatt bis etwas schmierig oder feinsamtig (Sommersteinpilz). **Stiel** 8–15 cm lang, 3–8 cm dick, meist keulig bis dickbauchig, fein bis grob weiß oder braun genetzt. **Röhren** und **Poren** jung weißlich, später gelblich, im Alter olivgrün. **Fleisch** jung fest und kernig, weiß. Verfärbt sich beim Anschneiden nicht. **Geschmack** nussartig aromatisch.

Weißes Stielnetz

Schmeckt … sehr lecker in allen Variationen der Pilzküche. Steinpilze kann man sogar roh genießen.

Aufgepasst!

Gallenröhrling

Steinpilze werden häufig mit dem ungenießbaren **Gallenröhrling** verwechselt. Dieser hat einen matten, olivbräunlichen Hut, jung weißliche, später schmutzig rosafarbene Poren und Röhren. Auch das olivbraune Stielnetz unterscheidet ihn von Steinpilzen. Ein weiteres Unterscheidungsmerkmal zeigt die Geschmacksprobe, er schmeckt – wie der Name schon sagt – gallebitter. Sie werden sofort verstehen, warum ein einziges Exemplar ein ganzes Pilzgericht ruinieren kann. Es gibt aber auch Gallenröhrlinge, die nur schwach bitter schmecken.

Extra Tipp

Glücklicherweise wachsen Steinpilze immer an ihren angestammten Stellen: Standorttreu nennt man das – ein Wort, das des Pilzsammlers Herz höher schlagen lässt. Haben Sie also eine Steinpilz-Stelle ausfindig gemacht, sollten Sie sich den genauen Ort merken und diesen regelmäßig besuchen.

Flockenstieliger Hexenröhrling

Schusterpilz

Sammelzeit: Von Juni bis Oktober, manchmal findet man ihn auch schon im Mai.

Lieblingsort: Nadelwälder mit Fichte oder Tanne, auf sauren Böden.

Kennzeichen: **Hut** 10–20 cm, dick, dunkelbraun und feinsamtig, trocken. **Stiel** 8–14 cm, keulig, rötlich gelb mit feinen roten Schüppchen (Nehmen Sie ihn unter die Lupe!). **Röhren** gelb mit roten Poren, bei Druck verfärben diese sich blau. **Fleisch** dick, fest und gelb, läuft an Schnittstellen sofort blau an. **Geschmack** mild.

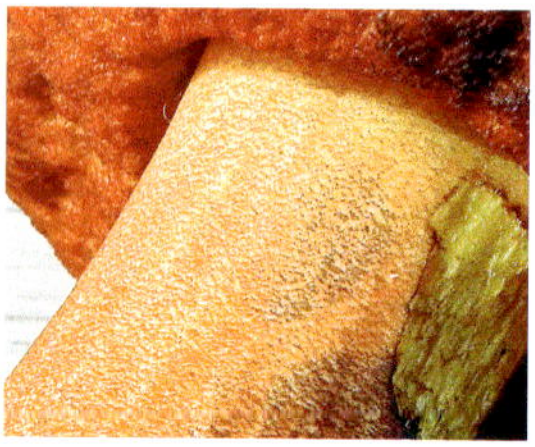

Rote Schüppchen am Stiel

Schmeckt ... lecker in allen Pilzgerichten und ist auch zum Trocknen gut geeignet.

Satanspilz

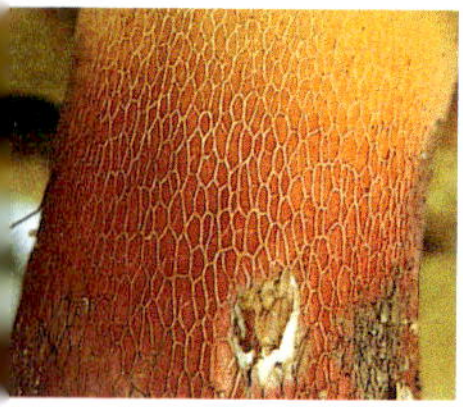

Schönfußröhrling

Aufgepasst!

Sein oft unverträglicher Doppelgänger ist der **Netzstielige Hexenröhrling**, der eher im Laubwald auf kalkhaltigen Böden wächst und einen rot genetzten Stiel hat. Außerdem könnte man ihn mit dem ebenfalls rotporigen, **giftigen** **Satanspilz** verwechseln, dessen Hut aber grauweiß ist und dessen Fleisch etwas unangenehm riecht. Auf Nummer sicher gehen Sie, wenn Sie auch den bitter schmeckenden **Schönfußröhrling** ausschließen können. Seine Poren sind immer gelb und sein Stiel ist von einem erhabenen, hellen Netz überzogen.

Der Flockenstielige Hexenröhrling hat einen ziemlich abstoßenden Namen, dazu noch knallrote Poren und erschreckend blauendes Fleisch. Zugegeben – das alles ist nicht besonders einladend. Somit ist er aber das beste Beispiel dafür, dass Namen und Warnfarben im Pilzreich kein Hinweis auf den Speisewert sein müssen!

Maronenröhrling

Marone, Braunkappe

Sammelzeit: Von Juli bis zum ersten Raureif im Oktober.

Lieblingsort: Nadelwälder, vor allem moosige Fichtenwälder oder ältere Kiefernwälder.

Kennzeichen: **Hut** bis 12 cm, ziemlich dick, kastanienbraun, wie der Name schon sagt. Jung feinsamtig, später glatt und manchmal etwas schmierig. **Stiel** 6–10 cm lang, bis 2 cm dick, gelbbraun, fein gestreift. **Röhren** hellgelb, später gelbgrün, bei Druck verfärben sie sich blaugrün. **Poren** gleichfarben, jung fein, später mittelweit. **Fleisch** blassgelb, jung fest, läuft beim Anschneiden blau an.

Blauende Röhren

Schmeckt … ähnlich fein wie der Steinpilz und lässt sich auch vielseitig verwenden, nur nicht im rohen Zustand.

Aufgepasst!

Gallenröhrling

Der Maronenröhrling kann mit anderen braunen Röhrlingen verwechselt werden. Bei **Steinpilz, Ziegenlippe** und **Rotfußröhrling** ist das nicht weiter schlimm, unangenehm wird es aber beim ungenießbaren **Gallenröhrling** (Seite 42). Dessen Stiel ist allerdings oliv genetzt und außerdem schmeckt er eindeutig bitter. Maronen sollten wegen radioaktiver Belastung nicht in Massen verspeist werden (siehe Extra Tipp).

Extra Tipp

Der Maronenröhrling kann immer wieder in Massen auftreten. Da füllen sich die Körbe im Nu! Aber Vorsicht: Maronen haben die Eigenschaft, radioaktive Substanzen anzureichern. Deshalb sollte man nicht gerade jede Woche ein reines Maronengericht zubereiten, sondern die reiche Ernte lieber einfrieren und mit anderen Pilzen mischen.

Rotfußröhrling

Rotfüßchen

Sammelzeit: Von Juni bis in den November hinein.

Lieblingsort: Nadel- und Laubwälder.

Kennzeichen: **Hut** bis 10 cm, jung halbkugelig, später flacher, Huthaut matt, trocken, später meist rissig, gelblich braun oder grünlich braun.
Stiel bis 8 cm lang, zylindrisch, oft krumm gewachsen, Stielspitze gelb, zur Basis immer kräftiger rot durch feine Flocken.
Röhren und **Poren** gelb, später grünlich gelb, bei Druck verfärben sie sich schwach bläulich.
Fleisch hellgelb, direkt unter der Huthaut rötlich (rötliche Risse in der Huthaut).
Geschmack leicht säuerlich.

Rötliche Risse

Schmeckt … vor allem lecker in Mischgerichten oder Suppen. Ältere Exemplare sind eher schwammig und verderben schnell, sie sollten daher am besten gar nicht oder am gleichen Tag verwendet werden. Jüngere Pilze sind fester und lassen sich auch gut trocknen oder einfrieren.

Aufgepasst!

Ziegenlippe

Der Rotfußröhrling kann mit der ebenfalls essbaren **Ziegenlippe** (Seite 50) verwechselt werden. Sie hat ähnliche Kennzeichen, Lieblingsorte und wächst zur gleichen Jahreszeit. Einen giftigen Doppelgänger, der genauso rot, genauso rissig und genauso schlank ist, hat das Rotfüßchen aber nicht.

Extra Tipp

Der Rotfußröhrling ist leicht zu bestimmen und tritt manchmal massenhaft auf. Diese Kombination von guten Eigenschaften lieben Pilzsammler. Sie sollten aber bei jedem einzelnen Exemplar darauf achten, dass sich keine tierischen Bewohner darin finden, denen schmeckt der Pilz nämlich ebenso.

Ziegenlippe

Sammelzeit: Von Juni bis Oktober.

Lieblingsort: In Wäldern unter Nadel- oder Laubbäumen.

Stiel und Poren gelb

Kennzeichen: **Hut** 5–10 cm, gelblich braun oder olivbraun, gewölbt, feinfilzig und matt. **Stiel** bis 10 cm lang, unten meist dicker als oben, gelblich mit rotbraunen Schüppchen, die eine linienartige Struktur ergeben können. **Röhren** und **Poren** erst kräftig gelb, später werden sie grünlich und verfärben sich bei Druck bläulich, Poren unregelmäßig. **Fleisch** im Alter recht weich. **Geschmack** mild.

Schmeckt ... vor allem in Mischgerichten, sollte aber nur jung verwendet werden. Auch sollte man sie schnell verarbeiten, weil sie bei warmen Temperaturen rasch verdirbt.

Aufgepasst!

Rotfußröhrling

Obwohl sich die Ziegenlippe in ihrer Erscheinungsform sehr variabel zeigt, ist das Verwechslungsrisiko mit Giftpilzen gering. Sie kann mit dem essbaren **Maronenröhrling** (Seite 46) verwechselt werden. Dieser ist aber dunkler gefärbt, hat festeres Fleisch und nicht diese typische feinfilzige Huthaut. Auf den ersten Blick unterscheidet die Ziegenlippe sich wenig vom essbaren **Rotfußröhrling** (Seite 48).

Die Ziegenlippe wächst vor allem in Wäldern. Es kommt aber auch vor, dass man sie in Parks und Gärten antrifft. Also: Denken Sie beim nächsten Spaziergang im Sommer oder Herbst daran, die Augen offen zu halten.

Sandröhrling Sandpilz

Sammelzeit: Von Juli bis Oktober oder November.

Lieblingsort: Unter Kiefern auf sandigen und moorigen Böden, gerne in Heiden.

Kennzeichen: **Hut** 6–12 cm, flach gewölbt, sand- bis semmelfarben, rau-filzig, feucht nur wenig schmierig-klebrig, Huthaut kaum abziehbar. **Stiel** 5–8 cm lang, ockerfarben, glatt. **Röhren** jung graubräunlich, später grünlich braun. Poren jung fein, gelblich, älter olivgrün. **Fleisch** wenig fest, gelblich, verfärbt sich beim Anschneiden blassbläulich. **Geschmack** und Geruch säuerlich.

Glatter Stiel

Schmeckt … recht mild und eignet sich daher vor allem für Mischgerichte. Jung kann man ihn auch gut trocknen oder einfrieren. Wenn Sie ihn trocknen und mit dem Einweichwasser verwenden, wird sein Aroma stärker.

Aufgepasst!

Spätestens beim Anbraten merkt man, ob man ihn mit dem ebenfalls essbaren **Kuhröhrling** verwechselt hat, denn dann verfärbt dieser sich eigenartig pink-violett und wird schleimig. Einen giftigen Doppelgänger hat der Sandröhrling erfreulicherweise nicht. Das macht in bei unerfahrenen Pilzsammlern recht beliebt.

Kuhröhrling

Da der Sandröhrling oft in Gruppen auftritt, lohnt es sich, ihn trotz seines wenig ausgeprägten Geschmacks zu sammeln. Als Pilz für Mischgerichte ist er durchaus brauchbar. Wer im Sommer oder Herbst in Nordeuropa unterwegs ist (hier sind moorige Böden und Kiefernwälder keine Seltenheit), sollte daher auf jeden Fall die Augen offen halten!

Goldgelber Lärchenröhrling

Goldröhrling, Schöner Röhrling

Sammelzeit: Von Juni bis Oktober.

Lieblingsort: Unter Lärchen, besonders an Wald- und Wegrändern oder Schneisen im Bergland, auf Moos.

Kennzeichen: **Hut** 5–10 cm, orangebraun bis goldgelb, mit schleimiger, abziehbarer Haut, später trocken glänzend. **Stiel** 5–8 cm lang, schlank, goldgelb, mit weißlichem, häutigem Ring. **Röhren** und **Poren** gelb und eng, später bräunlich. **Fleisch** sehr weich, gelblich. **Geschmack** säuerlich, Geruch schwach fruchtig.

Stiel mit häutigem Ring

Schmeckt ... jung und fest vor allem in Mischpilzgerichten und eignet sich auch zum Trocknen. Ältere Pilze sind oft sehr schwammig weich.

Aufgepasst!

Körnchenröhrling

Ähnlich ist der essbare **Schmerling** oder **Körnchenröhrling**, dieser hat aber keinen häutigen Ring am Stiel, dafür in seiner Jugend am oberen Teil milchige Tröpfchen, im Alter bräunliche Pünktchen. Er wächst vor allem unter Kiefern und auf kalkigen Böden (also vor allem in den Kalkalpen und auf der Schwäbischen und Fränkischen Alb).

Extra Tipp

Achten Sie beim Ernten darauf, dass Sie Goldröhrlinge im Korb nicht aufeinander legen und auch vermeiden, die Waldstreu mit in den Korb zu bringen: die klebrigen Hüte ziehen alles an wie ein Magnet. Sind die Pilze sehr stark verschmutzt, können Sie die Huthaut auch an Ort und Stelle abziehen.

Birkenpilz

Birkenröhrling, Kapuziner

Sammelzeit: Schon ab Juni bis Oktober.

Lieblingsort: Bei Birken, an eher trockenen Stellen.

Kennzeichen: **Hut** 6–14 cm, dunkel- bis graubraun, alt meist klebrig. **Stiel** 10–15 cm lang, schlank, mit dunklen Schüppchen auf hellem Grund, fest. **Röhren** und **Poren** jung weißlich, bald grau, verfärben sich auf Druck braun, schwammig weich, Röhrenschicht relativ dick. **Fleisch** wird schnell weich und schwammig, jung ist es weiß, später gräulich. **Geschmack** mild.

Dunkle Stielschuppen

Schmeckt ... gut in Einzel- oder Mischgerichten, Suppen oder auch als Bratlinge. Weil das Fleisch schnell schwammig wird, ist der Birkenpilz nur jung gut zu verwerten. Die Stiele sind eher zäh, daher sollten Sie auch diese lieber nur jung verwenden.

Aufgepasst!

Die genaue Bestimmung von Birkenpilzen ist nicht immer ganz einfach. Allerdings ist eine Verwechslung höchstens mit anderen essbaren Verwandten möglich, wenn man den Standort und die Stielschuppen beachtet. Farbunterschiede der Stielbasis und die Verfärbung des Fleisches sind Unterscheidungsmerkmale der verschiedenen Birkenpilze.

Hängebirken-Blatt

Extra Tipp

In manchen Landstrichen sind Birken gar nicht häufig. Man kann sich aber merken, dass sie an besonders nassen oder trockenen Stellen wie in Mooren oder Heidelandschaften vorkommen. Abgesehen davon sind sie in Gärten und Parks angepflanzt, auch da könnten Sie fündig werden.

Espenrotkappe

Rothäubchen, Rotkäppchen

Sammelzeit: Von Juli bis Oktober.

Lieblingsort: Bei Zitterpappeln (= Espen), gern an Stellen mit Moos, Farnen oder Gras.

Kennzeichen: **Hut** 8–15 cm, im Extremfall bis 22 cm, dick, gelblich rot bis orangerot, geht oft auch ins Bräunliche, trocken matt, mit überhängender Huthaut. **Stiel** 10–20 cm lang, kräftig, fest, weiß, rau mit feinen rötlichen Schuppen. **Röhren** grau oder weißlich. **Poren** gleichfarbig, fein. **Fleisch** fest, weißlich, läuft langsam rötlichschwarz an und verfärbt sich beim Kochen dunkler. **Geschmack** sehr mild.

Rötliche Stielschuppen

Schmeckt ... sehr gut in allen erdenkbaren Pilzgerichten. Weil das Fleisch auch bei älteren Exemplaren schön fest ist, können Sie Rotkappen mühelos in feine Scheiben schneiden und so gut trocknen. Bei älteren Rotkappen sollten Sie aber die Röhren vor dem Schneiden entfernen und nicht verwerten.

Aufgepasst!

Espen-Blatt

Wenn man auf den Standort achtet und durch die Kombination von Hutfarbe und rötlichen Stielschuppen ist eine Verwechslung kaum möglich. Es gibt aber noch weitere essbare Rotkappen, so beispielsweise die **Birken**- oder die **Eichenrotkappe**, die alle, wie ihr Name schon sagt, spezifische Standortansprüche haben. Manche davon sind eher selten zu finden und daher schützenswert.

Rotkappen stehen gerne gesellig, das heißt wer erst einmal eine gefunden hat, ist ein echter Glückspilz. Er wird bald noch mehrere entdecken und am Abend sicherlich nicht hungrig bleiben. Weil die Rotkappe darüber hinaus so vielseitig verwendbar ist, ist sie sehr beliebt.

Austernseitling Kalbfleischpilz

Sammelzeit: Von November bis März.

Lieblingsort: An (nicht unter!) lebenden und toten Laubbäumen, seltener an Fichten.

Kennzeichen: **Hut** 5–20 cm, weißbeige über grau, graulila, stahlgrau bis braun-blauschwärzlich, glänzend, glatt, selten faserig-trocken. **Stiel** nur bis 4 cm lang, oft fehlt er ganz und gar, setzt nicht in der Mitte des Hutes an, sondern seitlich (Name!), weiß. **Lamellen** weiß bis cremefarben, leicht am Stiel herablaufend. **Fleisch** dick, fest und weiß. **Geschmack** mild, Geruch jung sehr angenehm, älter leicht fischig.

Leicht herablaufende Lamellen

Schmeckt … lecker in verschiedenen Variationen und ist vielseitig verwendbar. Als vollwertiger Kalbfleischersatz (darauf deutet sein zweiter Name) kann er allerdings nicht verwendet werden.

Aufgepasst!

Gelbstieliger Muschelseitling

Andere Seitlinge können dem Austernseitling zum Verwechseln ähnlich sehen, diese sind aber glücklicherweise auch essbar. Bitter schmeckt nur der **Gelbstielige Muschelseitling**. Wie der Name schon sagt, hat dieser einen gelbflockigen Stiel.

Extra Tipp

Wenn es draußen kalt und ungemütlich wird, fühlt sich der Austernseitling erst richtig wohl und fängt an zu wachsen. Sie finden ihn deshalb nicht selten an schneebedeckten Bäumen oder Baumstümpfen. Packen Sie sich also bei Ihrem nächsten Winterspaziergang gut ein und lassen Sie den Blick öfter mal nach oben schweifen!

Pfifferling

Echter Pfifferling, Eierschwamm

Sammelzeit: Von Juni bis Oktober.

Lieblingsort: In Wäldern, besonders in Kiefernforsten, im Moos oder bei Heidelbeeren.

Kennzeichen: **Hut** bis 6 cm, jung halbkugelig, später trichterförmig, Rand wellig, stroh- bis dottergelb, glatt und trocken. **Stiel** gleichfarbig, 1–6 cm lang, oben verdickt. Aderige **Leisten** statt der feinen Lamellen, dicklich, gegabelt, weit am Stiel herablaufend.

Herablaufende Leisten

Fleisch blassgelb, nicht biegsam. **Geschmack** leicht pfefferig, riecht nach Aprikosen.

Schmeckt … würzig und sehr fein in allen Variationen, besonders zu Wild oder als reines Pfifferlingsgericht zu Spätzle oder Semmelklößen. Praktisch ist, dass er sich roh im Kühlschrank einige Tage hält. Nicht zum Trocknen geeignet, da er dabei bitter wird.

Aufgepasst!

Falscher Pfifferling

Sein Doppelgänger, der dünnfleischige ☠ **Falsche Pfifferling**, gilt als **leicht giftig**. Im Gegensatz zum Echten Pfifferling hat er feine, gegabelte Lamellen und biegsames Fleisch. Andere, nicht ganz so ähnliche Verwandte sind ebenfalls essbar.

Der Pfifferling wird als Marktpilz gehandelt, aber mit etwas Glück ist er leicht selber zu finden. Winzig kleine Exemplare sollten Sie allerdings nicht sammeln, das grenzt an Sisyphos-Arbeit. So lecker und vielseitig diese goldigen Pilze sind, Sie werden mehr davon haben, wenn Sie sie noch ein wenig wachsen lassen.

Trompetenpfifferling

Herbstpfifferling

Sammelzeit: Von August bis Oktober. In Wäldern mit Heidelbeeren und Maronenröhrlingen können Sie auch im November und Dezember einen vollen Korb mit nach Hause nehmen.

Lieblingsort: Vor allem feuchte Nadelwälder in hügeliger bis bergiger Lage, aber auch in Laubwäldern.

Kennzeichen: **Hut** bis 6 cm breit, jung gewölbt, älter trichterförmig, gräulich gelb oder bräunlich gelb. **Stiel** 1–8 cm lang, meistens kräftig gelb, unregelmäßig zylindrisch. **Leisten** gegabelt, grober, unregelmäßiger und weiter auseinander stehend als beim Echten Pfifferling, am Stiel herablaufend, gelblich grau bis orange. **Fleisch** weißlich oder graugelb, im Alter grau, am Rand brüchig. **Geschmack** mild, riecht kaum.

Grobe Leisten

Schmeckt … in Einzel- oder Mischgerichten. Im Gegensatz zum Echten Pfifferling eignet er sich gut zum Trocknen.

Aufgepasst!

Der Trompetenpfifferling hat keine giftigen Verwandten. Ziemlich ähnlich ist der essbare **Starkriechende Leistling**. Er hat keine ausgeprägten Leisten, sondern nur Adern. Außerdem riecht er fruchtig nach Aprikose. Da er die gleichen Lieblingsorte hat, wächst er oft in direkter Nachbarschaft zum Trompetenpfifferling.

Starkriechender Leistling

Ein Trompetenpfifferling kommt selten allein. In manchen Jahren tritt er sogar massenhaft auf und wächst stellenweise richtig büschelig. So können Sie sich die größten und schönsten Exemplare für Ihr Abendessen herauspicken.

Herbsttrompete

Totentrompete, Füllhorn

Sammelzeit: Von August bis November.

Lieblingsort: Laubwälder, unter Buchen, Eichen und Hainbuchen.

Kennzeichen: Nicht in Hut und Stiel gegliedert. **Fruchtkörper** 6–12 cm hoch, keulig-röhrig, oben trichterförmig erweitert, mit trompetenförmiger Öffnung, wellig, graubraun bis schwärzlich braun, Oberseite feinschuppig, Unterseite zartrunzelig. **Fleisch** sehr dünn, jung weich, alt zäh. Geschmack mild, riecht schwach würzig.

Schmeckt ... gut als Würz- oder Suppenpilz und ist einzeln oder in Mischgerichten verwendbar. Die Farbe sieht vielleicht auf den ersten Blick nicht einladend aus, kann aber beispielsweise auf heller Pasta mit roten Tomaten und grünen Kräutern wirkungsvoll eingesetzt werden.

Aufgepasst!

Grauer Pfifferling

Verwechslungsmöglichkeiten bestehen mit einigen verwandten Arten. Giftpilze sind darunter nicht bekannt. Der ähnlich gefärbte **Graue Pfifferling** ist auch essbar. Eher heller, kleiner und vollfleischiger ist der essbare **Krause Leistling**; allerdings ist dieser selten und geschützt.

Extra Tipp

Nicht erschrecken!
Oft wird man durch kleine Käfer oder andere Kleintiere überrascht, die sich in der Herbsttrompete verstecken. Entfernen Sie am besten gleich, was eher in den Wald als in den Kochtopf gehört.

Semmelstoppelpilz Stoppelpilz

Sammelzeit: Von Juli bis November.

Lieblingsort: Laub- und Nadelwälder, gern in Hexenringen oder Gruppen.

Kennzeichen: **Hut** bis 12 cm breit, ungleichmäßig gestaltet, Rand anfangs eingerollt, später flach ausgebreitet bis trichterförmig, weißlich gelb bis ockerfarbig oder orangerötlich, kann stark röten oder ausblassen, glatt, feinsamtig, zerbrechlich. **Stiel** meist blasser gefärbt mit zart bräunlichen Stellen, ziemlich kurz, 3–6 cm lang, oft verbogen, nicht hohl. **Stacheln** oder Stoppeln statt Röhren, diese sind gelblich oder weißlich, ungleich lang, spitz, zerbrechlich, gedrängt stehend.
Fleisch weißlich oder gelblich weiß, eher brüchig.
Geschmack mild, aber auch etwas schärflich, bitter, riecht angenehm pilzig.

Schmeckt ... jung vorzüglich und ist vielseitig verwendbar. Da er recht festes Fleisch hat, eignet er sich gut zum Einlegen.

Junger Semmelstoppelpilz

Aufgepasst!

Seine Verwechslungsarten **Rotgelber** und **Weißer Stoppelpilz** sind auch essbar und stellen an sich kein Risiko für den Pilzsammler dar. Bei allen dreien sollten Sie aber ältere Exemplare meiden, sie schmecken bitter und sind unbekömmlich.

Extra Tipp

Wenn man von jungen Semmelstoppelpilzen nur die gelben Hütchen von Weitem aus dem Unterholz blitzen sieht, könnte man meinen, man sei auf Pfifferlinge gestoßen. Spätestens der Blick unter den Hut verrät dann aber die wahre Identität.

Habichtspilz Rehpilz

Sammelzeit: Von August bis November.

Lieblingsort: Bei Nadelbäumen, vor allem in bergigeren Gefilden, gern gesellig in Hexenringen.

Kennzeichen: **Hut** bis 20 cm breit, bräunlich bis dunkelbraun, flach ausgebreitet, mittig oft vertieft, mit hell- bis dunkelbraunen, konzentrisch angeordneten, dicken Schuppen. **Stiel** gräulich oder bräunlich, dick und kurz, derb, kompakt. **Stacheln** oder Stoppeln statt Röhren, erst weißlich, dann graubräunlich, dicht gedrängt, zerbrechlich. **Fleisch** weißlich, dann graubräunlich, fest und derb. **Geschmack** angenehm kräftig, riecht würzig.

Stacheln

Schmeckt … jung würzig-lecker, verleiht getrocknet und zu Pilzpulver vermahlen vielen Gerichten die besondere Note. Wie beim Semmelstoppelpilz schmecken ältere Exemplare bitter.

Aufgepasst!

Achten Sie darauf, dass Sie den Habichtspilz nicht mit dem sehr ähnlichen ungenießbaren **Gallenstachling** verwechseln. Er schmeckt sehr bitter, kommt aber selten vor (und steht unter Naturschutz!). Bestes Unterscheidungsmerkmal zum Habichtspilz ist neben dem scheußlichen Geschmack sein blaugrünes Fleisch an der Basis. Außerdem wächst er in Laubwäldern.

Extra Tipp

Wer es besonders würzig mag, kann auch etwas ältere Habichtspilze als Pilzpulver verwenden. Damit die Note nicht zu stark wird, sollten Sie anfangs vorsichtig dosieren und lieber bei Bedarf nachwürzen.

Violetter Lacktrichterling

Amethystblauer Lackpilz

Sammelzeit: Von Juli bis November.

Lieblingsort: Wälder mit Moos oder modrigem Holz.

Kennzeichen: **Hut** 2–5 cm breit, jung halbkugelig und kräftig rotviolett, dann unregelmäßig flach gewölbt bis leicht trichterförmig und bräunlich violett ausblassend, feucht fast glatt, trocken feinfilzig oder schuppig. **Stiel** 3–9 cm lang, Färbung wie der Hut, mit weißlichen Längsfasern, schlank, älter hohl. **Lamellen** angewachsen, grob, recht weit auseinander stehend, jung violett, im Alter blasser. **Fleisch** blasslila, dünn, faserig. **Geschmack** und Geruch unauffällig.

Violette Lamellen

Schmeckt ... gut in Mischgerichten oder eingelegt, ist aber nicht besonders ergiebig. Noch attraktiver als sein Geschmack ist seine knallige Farbe, die jedes Gericht optisch aufpeppt.

Aufgepasst!

Rettichhelmling

Die gefährliche Verwechslungsart, der **giftige** **Rettichhelmling**, riecht eindeutig nach – der Name ist in diesem Fall Programm – Rettich.
Häufig an der Küste und in den Alpen zu finden ist der essbare **Rötliche Lacktrichterling**, der eher orangebraun ist.

Extra Tipp

In Essig konserviert macht sich der Violette Lacktrichterling als Farbklecks in Salaten oder als Garnierung besonders gut. Für diesen Effekt reichen auch schon wenige Exemplare des schlanken Pilzes. Das Rezept dafür steht auf Seite 109.

Violetter Ritterling

Violetter Rötelritterling, Nackter Ritterling

Sammelzeit: Von August bis in den Dezember.

Lieblingsort: Wälder, Gärten, Parkanlagen, auf humusreichen Böden.

Kennzeichen: Wächst häufig in Ringen oder Reihen. **Hut** 6–12 cm breit, jung blauviolett, älter braunviolett, manchmal ausgeblichen, kahl und glatt. **Stiel** 5–10 cm lang, etwas heller als der Hut. **Lamellen** violettlich, später verfärben sie sich ins Bräunliche, ziemlich eng zusammenstehend. **Fleisch** violett, blasst mit der Zeit aus. **Geschmack** aromatisch, riecht wie parfümiert.

Violettes Fleisch

Schmeckt … kräftig und besonders gut in Butter angebraten mit Speck, Zwiebeln, Salz und Pfeffer; in Mischgerichten übertönt sein starkes Aroma die anderen Pilzarten. Er lässt sich gut einfrieren.

Aufgepasst!

Lila Dickfuß

Der **giftige** ☠ **Lila Dickfuß** sieht ihm entfernt ähnlich, sein Hut ist jung aber mit einem faserigen Schleier mit dem Stiel verbunden. Sein Fleisch ist safranfarben (gelblich) und er hat einen sehr unangenehmen Geruch.

Extra Tipp

Der Violette Ritterling wächst meist spät im Jahr, sogar nach den ersten Frösten kann man ihn noch finden. Gefrorene Pilze sollten aber nicht mehr gesammelt werden, da man ihnen ein überständiges Alter nicht so ohne weiteres ansieht.

Mairitterling Maipilz

Sammelzeit: Von Mai bis Mitte Juni.

Lieblingsort: Lichte Laub- und Nadelwälder, auch Parkanlagen, vor allem an Stellen, an denen auch Gras oder krautige Pflanzen wachsen.

Kennzeichen: **Hut** 5–12 cm, elfenbeinweiß bis ockerfarbig, oft unregelmäßig rund und am Rand leicht eingerollt, trocken. **Stiel** 4–8 cm, gleiche Farbe wie der Hut. **Lamellen** jung weißlich, bei älteren Exemplaren elfenbeinweiß, eng stehend, ausgebuchtet angewachsen. **Fleisch** weißlich. **Geschmack** und Geruch nach nassem Mehl.

Lamellen jung und älter

Schmeckt ... Der Mairitterling ist vielseitig verwendbar. Die mehlartige Note wird beim Erhitzen etwas abgemildert.

Ziegelroter Risspilz

Weißer Risspilz

Aufgepasst!

Der **sehr giftige** ☠ **Ziegelrote Risspilz** wird besonders jung immer wieder mit dem Maipilz verwechselt. Dieser strohbräunlich gefärbte Risspilz rötet im Anschnitt an allen Teilen und hat älter olivbräunliche Lamellen. Auch der seltene **giftige** ☠ **Weiße Risspilz** sieht dem Maipilz ähnlich. Er riecht ebenfalls nach nassem Mehl und wächst im Herbst in eher bergigen Lagen.

Extra Tipp

Der Mairitterling ist einer der ersten Pilze im Frühsommer und deswegen bei Pilzsammlern sehr beliebt. Somit ist er ein schöner Beweis dafür, dass eine Pilztour nicht nur im Herbst erfolgreich sein kann! Sie finden ihn einzeln, in Gruppen oder in mehr oder weniger großen Ringen.

Nelkenschwindling

Feldschwindling, Kreisling

Sammelzeit: Von Mai bis November.

Lieblingsort: Wiesen oder grasige Wegränder.

Kennzeichen: **Hut** 3–5 cm breit, dünn, jung halbkugelig, später abgeflacht, orangebräunlich, alt blassocker. **Stiel** bis etwa 8 cm lang, sehr schlank, weißlich, feinfilzig, knorpelig zäh. **Lamellen** heller als der Hut, stehen relativ weit auseinander, dicklich, abgerundet angewachsen. **Fleisch** weißlich. **Geschmack** würzig, nussartig, riecht würzig nach frischen Sägespänen.

Helle Lamellen

Schmeckt ... schön würzig in Soßen, Suppen und verschiedensten Pilzgerichten. Mit seiner schmächtigen Statur ist er nicht besonders ergiebig. Viele verwenden ihn daher nur als aromatischen Würzpilz. Praktischerweise eignet er sich auch zum Trocknen und kann zermahlen gut dosiert werden.

Aufgepasst!

Auf unseren Wiesen gibt es einige ähnliche kleine Pilze, manche davon sind **stark giftig**. Einige dieser braunhütigen Arten blassen abgetrocknet sehr stark aus, ihre Lamellen bleiben aber dunkel und sind ein gutes Unterscheidungsmerkmal.

Extra Tipp

Hexenringe verleiten immer zum genaueren Hinschauen, denn es könnte sich ja um einen sammelwürdigen Pilz handeln, von dem man auf einen Schlag eine ganze Menge ernten könnte. Der Nelkenschwindling wächst häufig in solchen Ringen oder in Reihen.

Samtfußrübling

Winterpilz, Winterrübling

Sammelzeit: Von November bis März.

Lieblingsort: An lebendem und totem Holz, gerne an Weiden, meist in büscheliger Gesellschaft von seinesgleichen.

Kennzeichen: **Hut** 1–6 cm breit, jung gewölbt, später flacher, dünnfleischig, gelborange bis rost-orangebraun, glatt, feucht klebrig, Rand durchscheinend gerieft. **Stiel** im unteren Teil braun samtfilzig (Name!), oben gelblich, leicht gebogen. **Lamellen** weißlich bis gelblich, leicht entfernt stehend. **Fleisch** dünn, elastisch, später wird es zäh. **Geschmack** mild, riecht nur schwach.

Helle Lamellen

Schmeckt ... gut in verschiedenen Gerichten. Die holzigen Stiele werden nicht verwendet. Sie können den Samtfußrübling übrigens auch im eigenen Garten züchten.

Aufgepasst!

Grünblättriger Schwefelkopf

Der Samtfußrübling kann mit dem **giftigen Grünblättrigen Schwefelkopf** verwechselt werden. Das wichtigste Unterscheidungsmerkmal sind seine schwefelgelben, dicht stehenden Lamellen. Außerdem schmeckt er sehr bitter.

Extra Tipp

Dem schneefesten Pilzjäger bereitet der Samtfußrübling das eine oder andere Sammelvergnügen. Seine Frostunempfindlichkeit macht ihn zu einem beliebten Pilz der Wintersaison. Aber Achtung, auch die Mäusen suchen ihn auf!

Stockschwämmchen

Stockschüppling

Sammelzeit: Von April bis Oktober.

Lieblingsort: An morschen Baumstümpfen, vor allem an Buchen, Linden und Birken.

Kennzeichen: Wächst meistens in Büscheln. **Hut** 3–8 cm, dünn, ockergelb bis zimtbraun, trocken blasst er von der Mitte her aus, nass stark glänzend. **Stiel** 5–8 cm lang, dünn mit zartem, dunklem Ring, abwärts meist dunkelbraun schuppig. **Lamellen** jung hellocker, älter braun, fein und eng aneinander stehend. **Fleisch** cremefarben, im Stiel blassbraun, weich. **Geschmack** mild, Geruch unbedeutend.

Stiel mit dunklem Ring

Schmeckt … ausgezeichnet und ist besonders beliebt in Pilzsuppen und der fernöstlichen Küche.

Aufgepasst!

Gifthäubling

Verwechslungen können hier gefährlich werden, deshalb müssen Sie darauf achten, dass auch wirklich alle oben genannten Merkmale auf Ihren Findling passen. Zwei giftige Doppelgänger sollten Sie bei der Bestimmung sicher ausschließen können: den mehlartig riechenden, feucht weniger glänzenden und **sehr giftigen** ☠ **Gifthäubling**, dessen Ring hell ist – und den **giftigen** ☠ **Grünblättrigen Schwefelkopf** (Seite 80) Er ist an seinen gelbgrünlichen Lamellen zu erkennen, sein Fleisch schmeckt bitter.

Da das Stockschwämmchen auch im asiatischen Raum geschätzt und gezüchtet wird, ist es in vielen fernöstlichen Pilzkonserven enthalten. Sie können Ihre „asiatische Pilzmischung" aus frischen, einheimischen Pilzen selbst herstellen. Am besten mischen Sie zum Stockschwämmchen noch einige Austernpilze (Seite 60).

Scheidenstreiflinge

Fuchsiger Scheidenstreifling, Grauer Scheidenstreifling

Sammelzeit: Von Juni bis Oktober.

Lieblingsort: Nadel- und Laubwälder.

Kennzeichen: **Hut** 6–12 cm, dünnfleischig, grau oder rotbraun, auch mit anderen Farben, glatt, am Rand deutlich gerieft. **Stiel** 8–15 cm lang, schlank, hohl, glatt oder genattert, am Grund mit großer, häutiger Scheide, die den Pilz jung einhüllt, ohne Ring. **Lamellen** weiß, weich, eng aneinander. **Fleisch** weiß, zart. **Geschmack** leicht süßlich.

Stiel ohne Ring, mit Scheide

Schmeckt ... leicht nussig in Suppen und Mischgerichten. Scheidenstreiflinge sollte man immer gut durcherhitzen, damit auch wirklich alle schädlichen Inhaltsstoffe des rohen Pilzes verschwinden.

Aufgepasst!

Diese schlanken Pilze gibt es in unzähligen Farbvarianten von orangegelb über grau nach fuchsrotbräunlich. Die Beschreibung beschränkt sich auf die häufigsten Arten: den Fuchsigen und den Grauen Scheidenstreifling. Andere Varianten sind aber genauso essbar. Damit sie in den Korb dürfen, sollten Sie immer kontrollieren, ob die große Scheide vorhanden ist und der Ring fehlt. Dann können Sie die Scheidenstreiflinge kaum verwechseln.

Extra Tipp

Zur Erinnerung: Junge Pilze sind oft schwer identifizierbar. Lassen Sie in jedem Fall junge Scheidenstreiflinge stehen, sie könnten sich als giftige Knollenblätterpilze entpuppen!

Perlpilz

Rötender Wulstling

Sammelzeit: Von Juni bis Oktober.

Lieblingsort: Wälder, aber auch Gärten und Parks mit Bäumen.

Kennzeichen: **Hut** in der Regel 6–12 cm, blassrot bis rötlich braun, mit helleren Flocken („Perlen"), nach Regenwetter fehlen diese oft. **Stiel** 12–15 cm lang, kräftig, weißrötlich, mit weißer, hängender, geriefter Manschette und dicker, rotbrauner Knolle. **Lamellen** weiß, weich, engstehend. **Fleisch** weiß, unter der Huthaut (abziehen!) und an Fraßstellen rötlich gefärbt, weich und zart. **Geschmack** zart-süßlich, etwas kratzend.

Stiel mit Knolle und Manschette

Schmeckt ... vor allem in Mischgerichten. Da er sehr zartes Fleisch hat, sollten Sie ihn umgehend zubereiten. Die etwas zähe Huthaut lässt sich gut abziehen.

Aufgepasst!

Pantherpilz

Bei jungen Exemplaren sollten Sie aufs Sammeln verzichten, da sie leicht mit dem **stark giftigen** ☠ **Pantherpilz** zu verwechseln sind. Dieser hat eine deutlich abgesetzte, gerandete Knolle, eine ungeriefte Manschette und riecht leicht nach Rettich.

Der variantenreiche Pilz ist für den Einsteiger nicht ganz leicht zu identifizieren. Der rötliche bis rosafarbene Schimmer seines Hutfleisches, der Lamellen und des Stiels verraten dem Pilzkenner jedoch sofort, dass es sich unverkennbar um einen Perlpilz handelt. Die rotbraunen Madenfraßgänge sind ein weiteres Indiz für ihn.

Wiesenchampignon Feldegerling

Sammelzeit: Von Juni bis Oktober, manchmal schon im Mai. Gute Chancen nach feuchtem Wetter, dem warm-trockene Sommerwochen vorangegangen sind.

Lieblingsort: Auf Wiesen, an Wegrändern, auch in Parks und Gärten.

Kennzeichen: **Hut** 6–12 cm, ziemlich dick, weiß, glatt bis angedrückt schuppig. **Stiel** kurz, 4–6 cm lang, kräftig, an der Basis verschmälert, weißlich, mit schmalem Ring. **Lamellen** jung weißlich, bald aber fleischrosa, alt schokoladenbraun bis violett-schwarz, eng, weich. **Fleisch** weiß, verfärbt sich im Anschnitt schwach rosa, fest. **Geschmack** gut, würzig, Geruch angenehm.

Lamellen alt und jung

Schmeckt ... würzig und weit intensiver als der Zuchtchampignon aus dem Laden. Er eignet sich für jegliche Verwertung gut und ist sogar roh essbar. Junge Exemplare lassen sich auch gut trocknen.

Weißer Knollenblätterpilz

Gift-Champignon

Aufgepasst!

Doppelgänger ist der **giftige** ☠ **Gift-** oder **Karbolchampignon**, der sich im Anschnitt an der Stielbasis chromgelb verfärbt und chlorig nach Desinfektionsmittel riecht. Die **tödlich giftigen** Arten ☠ **Weißer** und ☠ **Kegelhütiger Knollenblätterpilz** haben weiße Lamellen und eine knollige Stielbasis mit einer lappigen Scheide, außerdem riechen sie mehr oder weniger unangenehm süßlich. Andere Champignons sind ebenfalls essbar.

Oft erscheint der Wiesenchampignon in großen Hexenringen, also in kreisförmigen Anordnungen in der Wiese. Ein erster Hinweis auf solch eine ergiebige Sammelstelle kann sein, wenn das Gras im Frühjahr auf einer kreisförmigen Linie anders wächst als nebenan.

Parasol

Großer Riesenschirmling

Sammelzeit: Von Juli bis Oktober.

Lieblingsort: Lichte, grasige Wälder und Waldwiesen.

Kennzeichen: **Hut** jung eiförmig, später flach ausgebreitet, 12–25 cm, weiß-bräunlich mit dunkleren groben Schuppen, in der Mitte immer dunkler als am Rand. **Stiel** 15–30 cm lang, sein bräunliches Muster erinnert an eine Schlangenhaut, hohl, mit verschiebbarem Ring, unten keulig-knollig. **Lamellen** weißlich, später blassbraun, weich. **Fleisch** weiß, zart, im Stiel zäh und faserig. **Geschmack** nussig, Geruch angenehm.

Gemusterter Stiel mit Ring

Schmeckt ... erstklassig als paniertes Pilzschnitzel – der Klassiker unter allen Zubereitungsarten – aber auch in anderen Pilzgerichten. Die Stiele sind hart und werden nicht verwendet.
Sie haben mehr Hüte als Sie essen können? Frieren Sie diese einfach im Ganzen ein.

Aufgepasst!

Schirmlinge, die im Garten, auf dem Kompost oder in Gewächshäusern wachsen, sollten gemieden werden! Man freut sich zunächst über die schönen Schirme, aber Vorsicht: Das sind die ungenießbaren oder gar **giftigen** Verwandten des Parasols.

Schirmpilz auf Kompost

Oft kann man schon aus großer Entfernung die majestätische Gestalt des Riesenschirmpilzes erkennen (mehr dazu beim Thema Wiesen, Seite 29). Auch Weitblick lohnt sich beim Pilzesuchen!

Schopftintling Porzellanpilz, Spargelpilz

Sammelzeit: Von Mai bis November.

Lieblingsort: Gedüngte Wiesen (die erkennen Sie am Löwenzahn), aber auch in Wäldern und an Wegrändern.

Kennzeichen: **Hut** 6–12 cm hoch, oval und walzenförmig, weiß, an der obersten Stelle mehr oder weniger bräunlich, faserig-grobschuppig. **Stiel** 6–15 cm lang, schlank, weiß, glatt, mit verschiebbarem Ring. **Lamellen** dicht, weiß, bald rosa, zuletzt schwarz zerfließend wie dickflüssige Tinte. **Fleisch** weiß und zart. **Geschmack** angenehm.

Schmeckt ... sehr fein in Suppen, Mischgerichten oder (paniert) gebraten. Nur junge Hüte sammeln und sofort zubereiten.

Spechttintling

Faltentintling

Aufgepasst!

Ähnliche Giftpilze gibt es nicht. Aber: Sein ungenießbarer Verwandter **Spechttintling** ist braun mit weißen Schuppen. Auch vom **Faltentintling** sollte man die Finger lassen, denn er ist kein besonders guter Speisepilz und außerdem in Verbindung mit Alkoholgenuss unverträglich. Ihn erkennen Sie an seinem silbergrauen bis zartbraunen Hut, der nicht walzenförmig, sondern kegelförmig ist.

Extra Tipp

Beim Ernten und Verarbeiten ist Schnelligkeit gefragt, sonst zerfließt Ihr weißer, hübscher Schopftintling zu einer schwarzen, dickflüssigen Masse. Am besten, Sie gehen so vor: nur die jungen Hüte mit weißen Lamellen nehmen, indem Sie sie an Ort und Stelle vom Stiel abdrehen. Zu Hause sofort halbieren und braten.

Edelreizker

Echter Reizker

Sammelzeit: Von Juli bis November.

Lieblingsort: Kiefernwälder mit sandigen Böden.

Kennzeichen: **Hut** 6–12 cm breit, dick, jung gewölbt und orangerot mit dunkleren Kreisen, später etwas trichterförmig, feucht schmierig. **Stiel** gleichfarbig wie der Hut, 3–9 cm lang, walzig, Oberfläche meist grubig. **Lamellen** starr und brüchig, am Stiel etwas bogig angewachsen. **Fleisch** hell, fest, brüchig, mit orangerotem Milchsaft (tritt bei Verletzung aus). **Geschmack** mild, riecht fruchtig.

Schmeckt ... angebraten deliziös, wie sein wissenschaftlicher Name *Lactarius deliciosus* schon vermuten lässt. Gedünstet kann er allerdings leicht bitter werden.

Aufgepasst!

Weinroter Kiefernreizker

Er kann mit einem anderen essbaren Reizker, der unter Kiefern wächst, verwechselt werden: dem **Weinroten Kiefernreizker**. Dieser unterscheidet sich vom Edelreizker vor allem durch den sich blaugrün verfärbenden Hut. Alle Reizker sind sehr gute Speisepilze, wobei der Edelreizker der aromatischste unter ihnen ist.

Extra Tipp

Leider schmeckt der in der Pilzküche beliebte Edelreizker auch Maden sehr gut. Sehen Sie also am besten an Ort und Stelle nach, ob er überhaupt zu gebrauchen ist.

Speisemorchel Morchel

Sammelzeit: Von April bis Mai, manchmal auch bis in den Juni.

Lieblingsort: Bach- und Flussauen, gern unter Eschen.

Kennzeichen: **Hut** 4–18 cm hoch, eiförmig bis rundlich, unregelmäßig wabenartig zerteilt, ockergelblich, Stege oft rotbraun, hohl. **Stiel** 3–8 cm lang, hohl, kleiig-körnige Oberfläche. **Fleisch** brüchig, weißlich. **Geschmack** und Geruch sehr angenehm.

Schmeckt ... frisch und getrocknet sehr fein. Da die Morchel etwas schwer verdaulich ist, empfiehlt es sich allerdings, sie in kleineren Mengen zu genießen. Spitzmorcheln sind genauso zu verwenden. Morcheln gehören wohl zu den interessantesten und auch geschmackvollsten Pilzen, die man bei uns finden kann. Die Haute Cuisine bedient sich gern dieses aromatischen Pilzes.

Lorchel

Spitzmorchel

Aufgepasst!

Morcheln können mit den **giftigen** ☠ **Lorcheln** verwechselt werden. Diese haben einen unregelmäßig geformten Hut, der eher an ein Gehirn als an Bienenwaben erinnert. Die ebenfalls essbare **Spitzmorchel** trägt einen dunkleren, oft spitzer zulaufenden Hut. Ihre Hutrippen sind vorwiegend längs ausgerichtet.

Extra Tipp

Damit es keine unangenehmen Überraschungen beim Diner gibt: Waschen Sie die Leckerbissen gründlich, bevor Sie sie verarbeiten. Da die Pilze hohl sind, dienen sie vielen Kleintieren als Unterschlupf.

Judasohr Holunderschwamm

Sammelzeit: Das ganze Jahr, besonders im Winter.

Lieblingsort: An Holundersträuchern, seltener auch an anderen Laubhölzern.

Kennzeichen: Nicht in Hut und Stiel gegliedert. **Fruchtkörper** ohr- oder muschelförmig, mehr oder weniger gelappt, mehr oder weniger mittelbraun, samtig, feucht gallertartig-knorpelig, trocken hart, Innenseite glänzend, immer heller als die Außenseite, manchmal geadert. **Fleisch** fest gelatineartig. **Geschmack** mild, riecht etwas erdig.

Glänzende Innenseite

Schmeckt … mild und lässt sich leicht trocknen. Wird klassischerweise in Asiagerichten verwendet und ist reich an wichtigen Spurenelementen und Vitamin B_1.

Aufgepasst!

Der typisch ohr- oder muschelförmige Pilz am Holunderstrauch mit seiner matten Außenseite und etwas glänzenden, aderigen Innenseite ist kaum zu verwechseln.

Extra Tipp

Judasohr – nie gehört? Aber Chinamorchel oder Mu-Err-Pilze sind vielen Leuten ein Begriff. Was der Unterschied zwischen den drei Pilzarten ist? Keiner, das sind drei verschiedene Namen für ein und dieselbe Pilzart, die sich als weitere Zutat für Ihre asiatische Pilzmischung (Seite 83) eignet.

Krause Glucke

Fette Henne

Sammelzeit: Von August bis Oktober.

Lieblingsort: Direkt unter Kiefern.

Kennzeichen: Nicht in Hut und Stiel gegliedert, sondern badeschwammähnlich, stark verzweigt und mit krausen Blättern. **Fruchtkörper** bis 30 cm im Durchmesser, jung blassocker bis rosabräunlich, später Ränder bräunlich verfärbend. **Strunk** aus Kiefernstümpfen oder -wurzeln wachsend. **Fleisch** weißlich. **Geschmack** nussig, ältere Teile leicht bitter, Geruch mild-würzig.

Schmeckt ... jung sehr gut als Mischpilz oder alleine und zählt zu unseren allerbesten Speisepilzen. Noch dazu hält sich die Krause Glucke ein paar Tage im Kühlschrank und lässt sich ohne Qualitätsverluste trocknen oder einfrieren. Im Alter wird sie etwas bitter.

Aufgepasst!

Breitblättrige Glucke

Die an Laub- und Nadelbäumen wachsende essbare **Breitblättrige Glucke** hat keine krausen, sondern wellige Verzweigungen und flache Äste. Sie steht aber unter Naturschutz und darf deshalb auf keinen Fall gesammelt werden! Giftige Doppelgänger gibt es nicht.

Waschen, waschen und noch mal waschen ist hier angesagt. Im Gegensatz zu den meisten anderen Pilzen verträgt sie die Behandlung mit fließendem Wasser gut; das ist auch dringend nötig, weil sich von Sand über Nadeln bis zu Kleingetier alles in ihren Verästelungen verfängt.

Bunte Glasnudelsuppe

Für 4 Personen:

- 80 g Glasnudeln
- 1 Stück Ingwer (etwa daumenstark)
- 2 Knoblauchzehen
- 2 rote Chilischoten
  Sesamöl
- 1 l Gemüsebrühe
- 200 g frische China-Pilze (z. B. Judasohr oder Stockschwämmchen)
- 200 g Tofu
- 2 Blätter Mangold
- 3 Karotten
- 4 EL Sojasoße
- 1 Handvoll Sojasprossen
- 2 TL geröstete Sesamsamen

Glasnudeln 20 Minuten in warmem Wasser einweichen und abgießen.
Ingwer fein schneiden und mit den zerdrückten Knoblauchzehen und Chilischoten in Sesamöl andünsten, dann mit Gemüsebrühe ablöschen. Den Sud mit Sojasoße würzen.
In Scheiben geschnittene Karotten, Pilzstücke und klein gewürfeltes Tofu darin 10 Minuten köcheln lassen, danach Mangold zugeben und weitere 5 Minuten mit geschlossenem Deckel köcheln lassen. Mit Sojasoße abschmecken.
Vor dem Servieren Chilis und Knoblauch entfernen und Sojasprossen und geröstete Sesamsamen zugeben.

Kräuterpilze auf jungen Kartoffeln

Für 4 Personen als Vorspeise oder für 2 Personen als Hauptspeise:

- 4 mittelgroße junge Kartoffeln
- neutrales Öl zum Anbraten
- 300 g Mischpilze
- ¼ Stange Lauch
- frischer Thymian
- frischer Rosmarin
- frische Rucola-Keimlinge
- Salz und Pfeffer
- Zitronensaft

Kartoffeln in Salzwasser garen, in Längshälften schneiden und in einer beschichteten Pfanne in etwas Öl sanft anbraten.
Die Pilze stückeln, 10 Minuten in Öl braten, nach 3 Minuten fein geschnittenem Lauch, Thymian und Rosmarin und Salz, Pfeffer und Zitronensaft zugeben. Nach den weiteren 8 Minuten Rucola-Keimlinge noch 2 Minuten sanft mitdünsten. Kartoffelhälften salzen und pfeffern und mit den Kräuterpilzen garnieren.

Pilz-Quiche

Für 1 Quiche
(etwa 6 Personen):

- 200 g Mehl
- 100 g Butter
- 1 Eigelb
- 1 Prise Salz
- 1 EL Senf
- Butter und Mehl für die Springform
- 300 g Pilze
- 2 Schalotten
- 4 Eier
- 100 g Crème fraîche
- Salz, Pfeffer und Muskat

Mehl sieben, Mulde formen und Butter in kleinen Stücken darauf verteilen. Eigelb, Salz und Senf in die Mulde geben und zu einem Mürbteig kneten. Kühl stellen.

Inzwischen Springform fetten und mit Mehl einpudern. Pilze in Scheiben schneiden und zusammen mit den fein gewürfelten Schalotten in der Pfanne 5 Minuten andünsten. Eier, Crème fraîche und Gewürze verquirlen. Ofen auf mittlere Hitze (180 °C) vorheizen, Mürbteig ausrollen und die Springform damit auskleiden. Pilze darauf verteilen, Eier-Masse darüber geben und etwa 40 Minuten backen, bis die Quiche schön goldbraun ist. Mit einem knackigen Salat servieren.

Pilze mal anders

Ihr Herz schlägt eher für die modernere Küche? Bei den Worten Carpaccio, Quiche und Wok läuft Ihnen das Wasser im Mund zusammen?
Auch dafür sind unsere heimischen Waldpilze wunderbar geeignet. Probieren Sie mal!

Pilz-Carpaccio

Für 4 Personen als Vorspeise:

- 150 g Steinpilze oder Champignons
- Salz und Pfeffer
- Olivenöl
- 30 g Parmesan am Stück

Pilze in ganz feine Scheiben schneiden, diese nebeneinander wenig überlappend auf Tellern verteilen, salzen und pfeffern und mit Olivenöl beträufeln. Ganz fein gehobelte Scheiben oder grob geriebenen Parmesan darüber streuen, fertig!

Morchelspaghetti mit Rucola

Für 2 Personen:

- 300 g Spaghetti
- 250 g Speisemorcheln
- 25 g Butter
- Salz und Pfeffer
- ½ Bund Rucola
- geriebener Parmesan zum Bestreuen

Morcheln gründlich reinigen und größere Exemplare halbieren oder vierteln. Spaghetti nach Anleitung auf der Packung kochen.
Währenddessen die Morcheln in einer Pfanne mit der Butter bei mittlerer Hitze 10 Minuten dünsten. Spaghetti dazu geben, mit den Pilzen vermengen und mit Salz und Pfeffer würzen. Die Pfanne vom Herd nehmen und die gewaschenen Rucolablätter zugeben, gründlich vermischen und mit geriebenem Parmesan bestreut servieren.

Pilzcremesuppe

Für 2 Personen:

- 1 Zwiebel oder Schalotte
- Butter oder neutrales Öl
- 500 g Pilze
- 2 gestrichene EL Mehl
- ½ l Gemüsebrühe
- 200 g süße Sahne oder Crème fraîche
- Salz und Pfeffer
- Weißwein
- Petersilie oder Borretsch zum Garnieren

Schalotte oder Zwiebel schälen und fein würfeln. Geputzte Pilze feinblättrig schneiden. Zwiebelwürfel in etwas Fett bei mittlerer Hitze glasig braten. Pilze zugeben und etwa 5 Minuten mitdünsten. Mehl darübersieben, umrühren, mit Gemüsebrühe ablöschen und 10 Minuten bei mittlerer Hitze köcheln lassen. Die Sahne oder Crème fraîche zugeben, und mit Salz, Pfeffer und Weißwein abschmecken. Mit gehackter Petersilie oder Borretschblüten garnieren.
Wer Cremesuppen besonders schaumig mag, kann einen Teil der Sahne schlagen, eventuell einen kleinen Schuss Weißwein unterrühren und je einen Löffel davon auf jede Portion Suppe geben. Natürlich können Sie Ihre Suppe für diesen Zweck auch mit dem Mixer oder Zauberstab aufschäumen, allerdings geht dann die schöne Struktur der Pilzstückchen ganz verloren.

Suppe, aber klar!

Bei klaren Pilzsuppen verzichtet man ganz auf Sahne oder Crème fraîche. Sie lassen sich aber ansonsten genau nach diesem Rezept zubereiten – das Mehl lassen Sie dann weg. Schön heiß serviert wärmt die klare Suppe Sie angenehm nach einer ausgedehnten Pilzwanderung.

Für 4 Personen:

- Pilzmasse (wie Pilzpfanne Seite 114 mit sehr klein geschnittenen Pilzen)
- 250 g Blätterteig am Stück
- 1 Eigelb

Waldpilz-Strudel

Ofen auf 200 °C vorheizen. Den Blätterteig auf einer mit Mehl bestreuten Arbeitsplatte noch etwas ausrollen und auf ein mit Backpapier ausgerolltes Backblech legen. Die Pilzmasse auf einer Hälfte des Blätterteigs verteilen. Teigränder mit verquirltem Eigelb bestreichen, die leere Teighälfte über die Pilzfüllung schlagen und die Teigränder fest andrücken.
Nach Belieben die Teigrolle mit dem Rest des Eigelbs bestreichen. Im Ofen etwa eine halbe Stunde backen, bis der Strudel goldbraun ist. Dazu passen Feldsalat, Kopfsalat oder grünes Gemüse.

Giftnotruf

Die meisten Städte haben Giftnotrufe, die unter **19240** Tag und Nacht erreichbar sind. Zusätzlich gibt es fast in jedem Klinikum einen Giftnotruf. Diese Nummern stehen im Telefonbuch auf den ersten Seiten. Bei den ersten Anzeichen einer Pilzvergiftung muss sofort ein Arzt zu Rate gezogen werden!

Haftungsausschluss

Autoren und Verlag bemühen sich sehr um aktuelle, richtige und zuverlässige Angaben. Fehler können jedoch nicht vollständig ausgeschlossen werden. Eine Garantie für die Richtigkeit der Angaben kann daher nicht gegeben werden. Haftung für Schäden und Unfälle wird aus keinem Rechtsgrund übernommen.

Bibliografische Information der Deutschen Nationalbibliothek

Die Deutsche Nationalbibliothek verzeichnet diese Publikation in der Deutschen Nationalbibliografie; detaillierte bibliografische Daten sind im Internet über http://dnb.d-nb.de abrufbar.

Wollgrasweg 41, 70599 Stuttgart (Hohenheim)
E-Mail: info@ulmer.de
Internet: www.ulmer.de
Lektorat: Ina Vetter
Umschlagentwurf: Atelier Reichert, Stuttgart
Druck und Bindung: aprinta druck, Wemding
Printed in Germany

ISBN 978-3-8001-1278-4

Bildquellen

Illustrationen im Innenteil
(außer S. 34/35): Daniel Stieglitz.
Umschlagfoto: Francesca Shellhaas –
Photocase.com

Arco Images/O. Diez S. 28
Arco Images/NLP/Laurie Campbell S. 62
Bildagentur Waldhäusl / IB /
Olivier Digoit S. 95
Blickwinkel.de / J. Fieber S. 39
Blickwinkel.de / C. Stenner S. 25
Coffee Lover/Shutterstock.com S. 40
Flubacher, Helmuth Zeichnungen S. 34
und 35
FotoNatur/Holger Duty S. 53
Grünert, Helmut S. 44(3), 48(2), 52(2) 54(2),
64, 66, 70, 72(2), 75, 74(2), 76(2), 78, 80 (2),
82, 84, 88, 94, 96(2), 100
Hans-Roland Müller/Botanikfoto S. 25(1)
Hecker, Frank S. 17, 19, 21(3), 22, 20, 24, 25,
29, 39, 43, 47, 51, 62, 69, 87, 90, 99, 98, 101
Laux, Hans E. S. 20(3), 21, 24, 27, 36, 42, 46,
50, 56, 60, 62, 64, 76(2), 85, 86(2), 88(2),
90, 92(2)
Markus Mainka/Shutterstock.com S. 30
Mauritius Images S. 115
Mikhail Shiyano/Shutterstock.com S. 10
Miroslav Hlavko/Shutterstock.com S. 120
Naturfoto.cz / Jiri Bohdal S. 58
Naturfoto.cz / Jonathan Maly S. 7, 9, 42,
45, 49, 55, 59, 60, 61, 79, 81, 83
Naturfoto-cz/Milos Andera S. 21(1)
Pforr S. 21(2)
Rotholl Fotoagentur/Rotheneder S. 63, 71,
77, 91
Rossa di sera/Shutterstock.com S. 105
Sarsmis/Shutterstock.com S. 102
Schuster, Gerhard S. 4, 14, 18, 23, 97
Stockfood/Imri, Tim S. 114
Stockfood/Michael von Paul S. 102
Stockfood/Chris Alack S. 118
Stockfood/Frank von Croes S. 116
Tatiana Vorona/Shuttestock.com S. 110
Valerio Pardi/Shutterstock.com S. 108

Zoonar/Alexander Limbach S. 73
Zoonar/Chi Casting S. 65
Zoonar/Günter Slabihoud S. 68
Zoonar/Himmelhuber S. 25(2)
Zoonar/igreen, Jonathan Fieber S. 89
Zoonar/Juergen Kosten S. 25
Zoonar/Karl Heinz Rangs S. 93
Zoonar/mirabell S. 67
Zoonar/S.Schnepf S. 57

Register

Rheinland-Pfalz, Hessen:	GIM Giftinformationszentrum der Länder Rheinland-Pfalz und Hessen in Mainz www.giftinfo.uni-mainz.de Telefon 06131 19240
Saarland:	Informations- und Behandlungszentrum für Vergiftungen des Saarlandes www.uniklinikum-saarland.de/de/einrichtungen/kliniken_institute/kinder-und-jugendmedizin/informations-und-behandlungszentrum-fuer-vergiftungen-des-saarlands Telefon 06841 19240
Mecklenburg-Vorpommern, Sachsen, Sachsen-Anhalt und Thüringen:	GGIZ Gemeinsames Giftinformationszentrum der Länder Mecklenburg-Vorpommern, Sachsen, Sachsen-Anhalt und Thüringen in Erfurt www.ggiz-erfurt.de Telefon 0361 730730
Österreich und Schweiz:	Wien: Vergiftungsinformationszentrale Notruf: 0043 (0) 14064343 Allgemeine Beratung: 0043 (0) 1404002222 Zürich: Schweizerisches Toxikologisches Informationszentrum Notruf: 0041 (0)145 Allgemeine Beratung: 0041 (0) 44251 6666

Pilzberater

Bei einzelnen Fragen können Sie sich an einen Pilzberater in Ihrer Region wenden. Auf der Internetseite www.dgfm-ev.de der Deutschen Gesellschaft für Mykologie finden Sie unter dem Stichwort „Pilzsachverständige“ eine Liste der geprüften Pilzberater in Deutschland. Adressen und Telefonnummern sind direkt aufgeführt, sodass Sie sich im Ernstfall schnell an den Experten Ihrer Region wenden können.

Giftnotruf

Die meisten Städte haben Giftnotrufe, die unter **19240** Tag und Nacht erreichbar sind. Zusätzlich gibt es fast in jedem Klinikum einen Giftnotruf. Diese Nummern stehen im Telefonbuch auf den ersten Seiten. Ebenfalls können Sie sich an Giftinformationszentralen wenden.

Baden-Württemberg:	Vergiftungs-Informations-Zentrale Freiburg www.uniklinik-freiburg.de/giftberatung Telefon 0761 19240
Bayern:	Giftnotruf München an der Toxikologischen Abteilung der II. Medizinischen Klinik der Technischen Universität München www.toxinfo.org Telefon 089 19240
Berlin, Brandenburg:	Institut für Toxikologie, Giftnotruf Berlin (Berliner Betrieb für zentrale gesundheitliche Aufgaben) www.giftnotruf.de Telefon 030 19240
Bremen, Hamburg, Niedersachsen, Schleswig-Holstein:	Giftinformationszentrum Nord www.giz-nord.de Telefon 0551 19240
Nordrhein-Westfalen:	Informationszentrale gegen Vergiftungen www.gizbonn.de Telefon 0228 19240

Renate und Fridhelm Volk: **Pilze sicher bestimmen, lecker zubereiten.** 192 Seiten, Verlag Eugen Ulmer, 2014. Neben ausführlichen Artbeschreibungen und vielen besonders prägnanten Fotos finden Sie in diesem Buch zahlreiche Rezepte von klassisch bis ausgefallen, von asiatisch bis italienisch.

John Wright: **Handbuch für Pilzjäger. Sammlerglück und Pilzgenuss.** 256 Seiten, Verlag Eugen Ulmer, 2012. Gute Unterhaltung für alle Pilzsammler mit verblüffenden Infos zu den Pilzarten und abgefahrenen Rezepten. Oder haben Sie schon einmal einen Bovistburger gegessen?

Renate und Helmut Grünert: **Die Pilzküche: Beliebte Arten – feine Rezepte.** 128 Seiten, BLV Buchverlag, 2011. Fakten und Rezepte von leidenschaftlichen Pilzsammlern und geprüften Pilzberatern.

Übung macht den Meister

Beim Erkennen von Pilzen ist Erfahrung ein wesentlicher Aspekt. Jedes Mal, wenn Sie alleine mit Bestimmungsbüchern durch die Natur streifen, lernen Sie etwas dazu. Dieser Prozess lässt sich aber auch beschleunigen: Gehen Sie zusammen mit einem erfahrenen Pilzsammler auf Exkursion, bestimmen Sie gemeinsam und stellen Sie viele Fragen.
Wenn Sie keinen Bekannten haben, der pilzversiert ist, können Sie sich öffentlichen Kursen und Pilzlehrwanderungen anschließen. Diese werden von Volkshochschulen, Vereinen oder Einzelpersonen organisiert. Sogar tagelange Pilzurlaube in landschaftlich schöner Umgebung werden angeboten, wie etwa im Bayerischen oder Thüringer Wald. Beim Stöbern im Internet trifft man darüber hinaus auf Pilzkochkurse, die Ihren kulinarischen Horizont erweitern werden.

Für werdende Pilzfreaks

Sie sind nach Ihren ersten Pilzausflügen auf den Geschmack gekommen und möchten noch mehr über Pilze und ihre Verwendungsmöglichkeiten erfahren? Kein Problem. Es gibt vielfältige Möglichkeiten, sich fortzubilden.

Bücher machen schlau

Pilzbücher gibt es in den verschiedensten Varianten. Hier werden einige vorgestellt, mit denen Sie Schritt für Schritt dazulernen können:

Helmut und Renate Grünert: **Steinbachs Naturführer Pilze**, 192 Seiten, Verlag Eugen Ulmer, 2010.
In diesem Buch sind über 400 Arten genau beschrieben. Um sich bei dieser Anzahl leicht zurechtzufinden, sind die Pilze nach makroskopischen Merkmalen in Gruppen zusammengefasst, die eingangs definiert und farblich gekennzeichnet sind. Trotz des handlichen Formats sind die Artbeschreibungen recht ausführlich: Verwechslungsarten werden immer genannt, spezielle Merkmale werden in den aussagekräftigen Fotos deutlich gezeigt, außerdem verrät der Abschnitt „Wissenswert“ interessante Zusatzinfos zur jeweiligen Art.

Zum Buch gibt es eine kostenlose Light-Version für Ihr Handy. Die besten 50 Speisepilze sind dort beschrieben und in einem Bild gezeigt. So haben Sie die wichtigsten Informationen zu diesen Pilzen immer mit dabei.

Noch Fragen?